国家出版基金项目
NATIONAL PUBLICATION FOUNDATION

中国卷

世界灌溉工程遗产研究丛书

谭徐明　总主编

古井日㧬三百桶

李云鹏　编著

诸暨桔槔井灌工程

长江出版社
CHANGJIANG PRESS

总序

　　在世界广袤的大地上，分布着丰富且类型多样的人类文明，古代灌溉工程就是其中之一。直到今天，还有相当数量的古代灌溉工程在持续地为人们提供着生活、灌溉和生态供水服务。现存的古代灌溉工程历经长久考验，没有成为西风残照的废墟，也没有成为书籍中刻板的回忆，而是以与自然融为一体的形态存在，并成为兼具工程价值、科学价值和文化价值的人类文明奇迹。

　　2014年，国际灌溉排水委员会（ICID）开始在世界范围内评选收录灌溉工程遗产，旨在挖掘、保护、利用和宣传具有历史意义的灌溉工程所蕴含的自然哲理、科学思想、文化价值和实用价值。从2014年至2020年，经由中国国家灌排委员会推荐和国际评委会评审，我国有安徽的芍陂、四川的都江堰等二十处具有历史意义的灌溉工程入选世界灌溉工程遗产名录。由此，古老而丰富的中国灌溉工程遗产向世界又开启了一个了解和认识中国文明史的新窗口，让更多的人走进中国悠久而辉煌的水利史，探索这些工程中蕴藏的人与自然和谐相处的理念和古代贤人因势利导的治水智慧和方略。

　　粮食充裕则天下稳定，人民安居乐业，而灌溉工程正是在洪涝干旱灾害频发的自然环境下保障粮食丰收的关键所在。中国是灌溉文明古国，历朝历代从一国之君到州县官员无不重农桑兴水利，并确立了从中央到民间权、责、利相互结合的灌溉管理制度。农耕文明下的这些灌溉工程及其管理制度和道德约束，为水利发展注入了民族精神，并在历史的长河中衍生出独特的文化和记忆，使得现存的古代灌溉工程在这一独特的文化滋养下世代相传、经久不衰。每一处灌溉工程遗产都是人与自然和谐相处和可持续发展活生生的实证。

中国 5000 年的农耕文明史中，因水资源禀赋和自然环境差异而建造出类型丰富、数量众多的灌溉工程。留存下来的古代灌溉工程得以延续至今，往往缘于这一灌溉工程在规划、选址、选型、建设和管理上的可持续性，随着科技和社会的发展，其功能和效益仍在扩展中。如安徽寿县的芍陂，是我国历史最悠久的大型陂塘蓄水灌溉工程，它始建于战国时期最强盛的楚国，历经 2600 多年后，至今仍灌溉着 67 万亩农田，并成为今天淠史杭灌区的反调节水库。再如有 2270 多年历史的四川都江堰，是世界上年代最久远、仍在发挥作用的无坝引水灌溉工程。留存至今的古代灌溉工程堪称人与自然和谐相处的典范，是可持续发展的活样板。

抛弃历史的前进，终究是无本之木，善于继承方能更好创新发展。在我们拥有先进科学技术的当代，从灌溉工程遗产中汲取经过历史检验的科学理念、智慧和经验，把现代科学技术与经过历史检验的思想和理念相结合，有助于更好地设计和建造人水和谐与可持续发展的灌溉工程。灌溉工程遗产也是重要的文化传承，在灌区现代化建设的过程中应该同时加强对灌溉工程遗产和灌溉文明的保护，让中华大地上美轮美奂的古代灌溉工程和丰富多彩的灌溉文化依然充满生命力，让历史文化在流水潺潺的水渠、在生机勃勃的田野得到永恒延续发展，为我国灌溉文化的生命传承和建设现代化生态灌区注入不竭的动力。

中国水利水电科学研究院原总工程师
2011—2014 年国际灌溉排水委员会第 22 届主席

2023 年 8 月于北京玉渊潭

诸暨桔槔井灌工程

目 录

诸暨桔槔井灌工程

世界灌溉工程遗产研究丛书

中国卷

导　言

　　桔槔井灌是最为古老的灌溉方式之一。浙江省诸暨市赵家镇桔槔井灌工程是中国目前已知规模最大的仍在使用的传统桔槔提水井灌工程，具有重要的历史、文化、科技价值。诸暨特殊的自然地理及气候水文，客观上为赵家镇的桔槔井灌的持续使用创造了良好的条件。

　　诸暨赵家镇桔槔井灌的历史最早可追溯至 12 世纪，以何、赵两姓为主的北方移民迁居至此，凿井提水发展灌溉农业，人口累世繁衍。小农经济的发展使桔槔井灌工程渐有规模。有确切的记载证明，至 17 世纪，桔槔井灌技术在赵家镇一带已得到广泛使用。然而，随着近 40 年中国社会经济的高速发展，古老的桔槔井灌工程遭到大量破坏，数量迅速减少，面临着消失的危险。

　　诸暨桔槔井灌工程遗产为现代社会保留了灌溉文明发展的早期样板，伴随着中国人口迁移和文化变迁，桔槔井灌工程见证了诸暨区域社会经济文化的发展历程。诸暨桔槔井灌工程用简单而科学的灌溉管理方式，实现了水资源的公平分配，为农业灌溉可持续发展提供了一条新思路。

第一章 概　述

　　诸暨桔槔井灌工程遗产位于浙江省诸暨市赵家镇，地处会稽山走马岗主峰下的冲积小盆地，多年平均降水量 1462 毫米，土壤以沙壤土为主。地下水资源丰富、埋深浅，枯水期地下水埋深为 1 ~ 3 米，雨季则在 1 米以内。区域内有黄檀溪等山溪小河，但是水流湍急，丰枯水位变化极大。古代赵家镇农民在特有的自然环境下，凿井架设桔槔提水灌溉，至 19 世纪时灌溉水井最多时约 3000 口，灌溉稻田 8000 亩。然而在近百年巨大的社会变革中，中国桔槔井灌工程逐渐消失，但是这一古老的灌溉方式在赵家镇泉畈村、赵家村、花明泉村依然顽强地存活了下来。可以说诸暨灌溉水井与桔槔提水技术，是中国古代灌溉工程的珍贵遗产。

第一节　诸暨自然地理背景

　　诸暨桔槔井灌工程遗产位于浙江省诸暨市赵家镇，地处会稽山走马岗主峰下的黄檀溪冲积小盆地，主要涉及泉畈、赵家等村，位处东经 120°27′—120°28′、北纬 29°44′—29°45′。遗产核心区位于泉畈村，距离诸暨市城区 20 千米。赵家镇特殊的自然地理环境，为地下水资源开发及桔槔井灌发展提供了客观条件。

一、地形地貌及地质条件

赵家镇地处诸暨东部会稽山脉与诸中盆地的过渡带，属于丘陵地形，地势自东南向西北倾斜，东部越大山海拔 679 米，南部走马岗海拔 835 米。黄檀溪发源的上谷岭主峰海拔 810 米，西北齐鲤尖海拔 373 米，北部杨梅湾海拔 483 米，整体呈"九山一田"格局。黄檀溪流域内经河流侵蚀、搬运、堆积等作用，形成了典型的侵蚀、堆积地貌。遗产区域地处黄檀溪出山口的河谷小盆地，地势相对平缓，土壤层厚，适宜农业种植。会稽山余脉在此没入盆地，仅存部分残丘，受风化剥蚀作用强烈，海拔较低，一般 30～60 米。井灌遗产核心区位于泉畈村东，农田海拔 40～50 米。遗产区地形地貌如图 1-1。

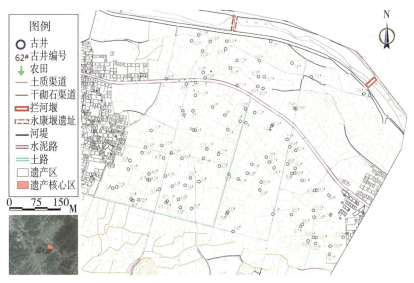

图 1-1 遗产分布及其所处地貌环境[①]

[①] 李云鹏等，《浙江诸暨桔槔井灌工程遗产及其价值研究》，中国水利水电科学研究院学报，2016 年 14 卷 6 期，第 438 页。

黄檀溪是遗产区内最大的地表径流，河流径流量较小，河水水位受季节、气候影响较大，枯水期水深一般不足 1 米，雨季汛期水流湍急、水量较大，水位变化幅度为 1 ~ 3 米。区域地下水循环条件好，地下水资源丰富。全市水资源储量比较丰富，但人均占有量不多，仅 1620 立方米每人，低于全国水平。目前，水资源实际开发利用率约为 33%，全市在丰水、平水年份不缺水，但在十年一遇的干旱情况下，局部地区将出现缺水现象。

遗产区位于江山—绍兴深断裂西北，整体属于扬子地台单元。受华夏及新华夏系构造的控制，区内构造活动应力方向皆呈西南—东北向分布。燕山期回旋活动为境内地质历史上最强烈的火山活动，基本奠定区内地层岩性特征，同时受后期喜马拉雅造山运动影响，境内地表抬升，沉积间断，剥蚀作用加强。

根据钻孔勘探资料，区域内地层岩性由上至下依次可分为第四系全新统冲洪积层（Q4al–pl）和侏罗系上统寿昌组（J3s）基岩两大类。前者广泛分布于河道两侧冲洪积平原当中，由下至上依次为黄褐色砂砾石、中细砂、亚砂土等，具有一定层理结构，孔隙发育，透水性强；后者下伏于第四系冲洪积层，主要由陆缘喷发相沉积形成的酸性火山岩类构成。顶部岩层风化强烈，破碎程度大，裂隙发育，与上覆第四系地层不整合接触。区域地质分区如图 1–2。

遗产区属于堆积地貌，高于当地侵蚀基准面。降雨时地下水主要通过第四系松散覆盖层，基岩裂隙和风化裂隙渗流、排泄。根据区域残丘出露条件分析，汇水面积较小，雨季也难以形成大规模的地表径流。水文地质条件属简单类型。根据区内地下水埋藏条件及各含水层性质，将地下水划分为松散岩类孔隙水和基岩

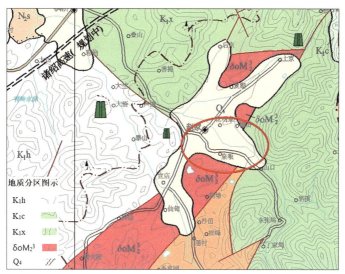

图1-2 遗产所在区域地质分区示意图[①]

裂隙水两大类。第四系孔隙水主要赋存于第四系冲洪积地层当中，是区域地下水资源的主体。其中砂砾层含水量丰富，中细砂层含水量中等，亚砂土层含水量相对贫乏。同时，各含水层受外界因素影响明显：雨季时地下水位升高，旱季时地下水位下降；其补给来源主要依靠降雨入渗，通过补给深部基岩裂隙水和地表河流进行排泄。基岩裂隙水主要集中赋存于强风化带基岩裂隙中，由于风化裂隙发育程度差异较大、连通性低，因此导致该含水层难以形成统一连续的水力坡面，含水量较低。

区内地震不强烈，仅1668年以前发生数次小型地震，近现代未发生过破坏性地震。根据中国地震参数区划图的划分，诸暨市北部边缘店口—湄池地区地震动峰值加速度为0.05重力加速度，

①《诸暨市赵家镇黄檀溪芦狮段标准堤建设工程地质勘察报告（初设阶段勘察）》。图示说明：K_1h为白垩系下白垩统青山群后俦组，K_1c为白垩系下白垩统莱阳群城山后组，K_1x为白垩系下白垩统王氏群系格庄组，Q_4为第四系全新统，δoM_2^3为中生代石英闪长岩。

相当于地震烈度 VI 级区，其余广大中、南部地区地震动峰值加速度小于 0.05 重力加速度，地震烈度小于 VI 级。区内未发现由地震或新构造运动所造成的地质灾害。

二、气候水文及水系水资源

遗产区为亚热带季风性气候，湿润多雨，四季分明。据诸暨市气象局资料，历年（1961—1992 年）平均气温 16.4℃，最高气温出现在 7 月份，极端最高气温 40.8℃，最低气温在 1—2 月，平均 3℃～4℃，极端最低气温 –13.4℃，年降雨量 1450.4 毫米，日最大降水量 345.2 毫米，多年平均降水量为 1350～1600 毫米，年降水天数 160 天左右，降水量年际变化较大，年内分配不均匀。最大积雪深度 24 厘米，年蒸发量为 800～1000 毫米，相对湿度 80% 左右，无霜期 245 天左右。春末夏初多梅雨，7—9 月多热雷、台风暴雨。历年 10 分钟平均最大风速 21.7 米每秒，风向西西南，夏季主导风向为西南，冬季主导风向为西北；台风最大风速为 34 米每秒。[1]

遗产区降雨量在年内及年际分配不均匀。一年中，冬季在冷高压控制下，气候以干燥晴冷为主，降雨量少；4—6 月，太平洋副热带高压逐渐加强，北移西伸，在长江中下游地区与北方冷空气相遇，形成静止锋，天气连续阴雨，即为梅雨期，降雨量较大、较集中；7—9 月冷空气衰退，全区气候处于副热带高压控制下，天气炎热少雨，但此时经常受海洋台风即热带风暴的影响，平均每年影响该区的台风有 2～3 次，由此带来狂风暴雨，降雨量大

---

① 《诸暨市水利志（1988—2001）》，方志出版社，2006 年，第 22—23 页。

且集中，是造成该区洪涝灾害的主要原因；9 月下旬以后，副热带高压开始衰退，冷高压开始南下，在转换过程中，也可能造成大面积降雨；11 月下旬以后，天气趋向稳定，转入晴冷的冬季，降雨量少。

诸暨井灌工程遗产位于钱塘江支流浦阳江的二级支流黄檀溪流域。

浦阳江成名于越，诸暨境内别名有五，一名"浣浦"，又名"浣渚"，俗称"浣江"，古称"浣溪"，亦曰"浣纱溪"。（《（万历）绍兴府志》）濒江有石刻镌"浣纱"二字，俗传为西子浣纱之所，世传为王右军书。浣江是流经诸暨之主要干流，也是诸暨人民世代的生衍之地，历史悠久，为两岸人民的生存发展做出了不可磨灭的贡献。但它同时也是钱塘江上游一条危害性较高的支流：长期侵蚀沿江水利设施、危害浙赣铁路交通安全，及至危害人民生命财产安全，故曾被称为浙江的"小黄河"。

浦阳江发源于浦江县花桥乡高塘村附近天灵岩南麓，主峰海拔 818 米，浦阳江沿自然倾斜的地势，从南向北，流经浦江县、诸暨市、杭州市萧山区。总流域面积 3431 平方千米，全长 151 千米（其中上游浦江 52.4 千米占 34.7%，中游诸暨 66.1 千米占 43.77%，下游萧山 32.5 千米占 21.53%）。[1] 春秋吴越时，河流处于自然状态，未有堤防，地面径流千支百脉，从东南西三面分散流下。据《（光绪）诸暨县志》记载，境内有 340 余条有名溪水，构成大陈、开化、五泄、枫桥、凰桐等 5 条支流，殊途同注浦阳江。

浦阳江干流自发源地流入境内界牌宣，河槽宽度 30 ~ 70 米，

---

① 《诸暨县水利志》，西安地图出版社，1994 年，第 32 页。

河底平均坡降 1：100～1：1200。东流会王沙溪，经丰江至安华镇会大陈江直下，贯穿南北腹地。上游呈山溪性，坡降较陡，水位涨落迅速。继东流至万定埝，据《（光绪）诸暨县志》记载："合邑筑埝卫田自此始。"折北至长潭，原双港水穿善感桥（已废）注入。双港一水，东西横贯浦阳、洪浦两水之间，北流经了山，相传夏禹治水至此大功终了，故山以名。过会义桥至丫江口，是段旧称上西江。

在丫江口，东汇开化江（旧称上东江）和南来的洪浦江，三江汇合之水，非太平桥五孔所能泄。故明刘光复任知县年间（公元 1598—1606 年），禁筑百丈埝，以江东畈为县上分水之路，使东南来水经金鸡山前水阁楼下北流至下方门，折东经五里亭北转瓦窑头，注入下东江。小水不使入，大水任其过田，是量水势，顺水性而已矣，名曰"龙路"。北水经苎萝山过县城太平桥至茅渚埠。据《诸暨民报五周年纪念册》载："知清乾隆年间（公元1773 年），江东畈之民，不按《经野规略》，始筑百丈埝，以阻遏'龙路'旧道，旧道被阻，则三江之水皆汇集于太平桥上，不能分泄，遂致县上横决衍隘。"这是境内浦阳江历史上变迁最大的一次人工改道。

安华至城关，全长 30.86 千米，河槽宽度 80 米，平均坡降1：5000。城关至兔石头，全长 31.3 千米，分东西两江，为感潮河段，河槽宽度东江 50 米，西江 90 米，坡降渐趋平缓为 1：10000。[①]从茅渚埠东流为下东江（东浦阳江），有永丰水自南来注之，经白鱼潭，又东汇罗江水，北流经江藻至草江口，有枫桥江水自东

①《诸暨县水利志》，西安地图出版社，1994 年，第 33 页。

来注入，折北经白塔湖斗门，过夹山弄至湄池。从茅渚埠西流为下西江（浦阳江主流），折北至石家村，西汇五洩（泄）江，北流经赵家埠至湄池，与下东江复合。汇合后，继北流经金浦桥有金湖港水来注之，至兔石头出境。

出境后，继北流至尖山，河槽宽度 130 米，平均坡降 1 ∶ 37000，北经临浦，穿碛堰山至闻家堰小砾山注入钱塘江。

安华至兔石头，由于自然地势和历史原因，源短流急，河道弯曲狭窄，人为设障，宣泄不畅。并受钱塘江潮水顶托，一遇暴雨，水位上涨，其超量洪水，历史上主要是湖自然决堤来滞蓄。因此，诸暨历来是浦阳江的洪涝重灾地区。几百年来，因下游麻溪故道被堵，上游之水不能建瓴直下，遂造成了诸暨"沧桑巨变"。其变缘由，众说纷纭，流传至今达四百多年。《重修浙江通志稿》记载，明天顺以前，浦阳江由麻溪东流至钱清入海，其后，以江口被海潮挟带之泥沙所淤，全流之水无从宣泄。知府彭谊[①]乃筑临浦、麻溪两坝，遏其水，使不东流。一面穿碛堰山，导浦阳江水由渔浦达钱塘江入海，此为浦阳江下游人力改道之主要原因。

民国时期，由于战乱不息，财经困难，水利失修，导致浦阳江水灾连年不断。民国十一年（公元 1922 年）和十七年（公元 1928 年）尤为惨重。除上述因素以外，与气象因素及两岸自然地理的差异因素均有莫大关系，如：干支流上游毁林开荒严重，导致水土大量流失，淤塞河床，冲击堤防；沿江山丘坡地向江倾斜，三面高，北面低，中间平原。河床高程，上游安华为吴淞 21 米，周围丘陵起伏；下游湄池为 1 米，湖田低洼，一般潮水位高于部

---

①彭谊：字景宜，明宣德十年（公元 1435 年）举人。天顺初下迁绍兴知府。

分田面，虽能引潮灌溉，但易积水成涝。每当山洪集中时，诸暨站洪水位高达 14 米以上，流量超 2000 立方米每秒。来水凶猛，而下泄缓慢，故堤之安危，事关沿江人民生产生活乃至生命安全，农民称之为"救命埂"。

诸暨境内主要城镇和工业企业均濒江而立，水陆交通称便。浙赣铁路[①]与江平行 54 千米，其中 30 千米路基低于警戒水位，端赖堤防捍卫。公路交叉于两岸，均受洪水制约。水上交通方面，涨水时，民船可到王家井，行能至安华和浦江境；浅水时，行通到王家井。民国八年（公元 1919 年）始，绅士茅浚卿、颜耿性等集资筹设杭诸轮船公司，专驶杭州、临浦、枫桥，船停赵家埠，另备驳船至县城。民国十一年（公元 1922 年）冬，绅士钱筠青、金月如、张雨樵等又筹设钱浦轮船公司，双方竞争，尔后，经调和协议，轮日驶行。自浙赣铁路通车后，随着陆运交通的发展，水运航道逐渐短缩至湄池、姚江。

新中国成立后，诸暨人民在党和政府的领导下，对危害极大的浦阳江进行了综合治理。根据城关以上 1715 平方千米的集水面积和下游河道的泄洪能力，在干支流上游重点兴建了安华、石壁、陈蔡等大中型拦蓄洪水库 6 座和一系列谷坊、梯地等水土保持工程；中游兴建高湖分洪水库；下游分期进行江西湖等截弯取直 6 处，拓宽江道，展宽河距 11 处，分流 4 处。1952 年始，在中游浅水河段，组织人工清淤捞沙；1965 年在下游深水河段组织机械疏浚。此外，在原铁道部（今国家铁路局）的支持下，先后拓宽了严重阻水的浣江、祝桥和尖山 3 座铁路桥孔。通过上述措施，抗灾能力有了

①浙赣铁路：又名浙赣线，始建于公元 1899 年，中国早期铁路干线之一。

很大提高，改变了过去浦阳江三年两决口的险恶局面。

枫桥江是浦阳江的一条重要支流，由栎桥江（左右溪）、黄檀溪、孝泉江（大干溪）三水组成。黄檀溪居中，左侧栎桥江，右侧孝泉江。上游均为山溪型河流，下游为感潮河段。栎桥江有左右两溪，左溪源出走金王乡吉竹坑，流经冯蔡，纳施家坞水，经王六家坞、新桥头，汇娄沟水，过王家宅，北接朱家坞水，经卓溪村到丫溪口汇右溪。右溪源出上梧岗，汇杜坑、尚典、大林之水出闸桥，东汇小坑水，北流西折，经岩畈南接梅店水，过姚家庵至丫溪桥汇左溪，始称标溪。合流后，至石砩、杨村、桥亭东流，绕狮子山北麓出栎桥，为栎桥江。又北流泗村，过江口、霞朗桥，出行者桥，经杜黄山下，东北流出杜黄桥，经泌湖三贡塘、义燕头至杜黄江口，注入枫桥江。源长 30 千米，流域面积 148 平方千米。孝泉江源出龙头岗南麓，主峰海拔 648 米，集馒头山水，西南流经里汤单家甸，至大祝汇石硖里水。北流出大干溪桥，汇入小干溪水，在倪家沿前纳大冈溪水，经下张，南汇全堂溪，过青龙堰，出坪子，西流至遮山真武庙，注入枫桥江。源长 16 千米，流域面积 72 平方千米。三水汇合后，总称枫桥江。继北流，出上木桥，经金九宫至塞江口汇东泌湖港。西流折北至草江村，注入东浦阳江。遮山以下流程 12.93 千米，流域面积 80 平方千米。源长 42.93 千米，总流域面积 432 平方千米。枫桥江流域是重点粮产区，有 17 乡（镇），10.72 万亩农田，下游湖田占 5.16 万亩，其中东、西湖占 60%，《（光绪）诸暨县志》曾有"泌湖汪洋无际"之说，宋嘉泰《会稽志》载："诸暨泌浦湖在县北七十里，周四十里，其横港曲湾以百数，多采捕者。"但近四百年来，由于人为作用，下游不断围湖造田，致使湖泊萎缩，水灾频繁。仅民国时期，连

第一章 概述

续发生 1928、1935、1941、1942 年等 4 次较大水灾,河道变迁无常,水系紊乱。这是历史造成的因果。较大的变迁有:明嘉靖三十四年(公元 1555 年),知县林富春卖官泌湖以措资金筑城抗御倭寇,由此潴水之湖,渐占为田,使水无所容。光绪十三年(公元 1887 年),王昌泰、楼也鹤发起倡议联合西泌湖 64 个小湖,从木霍头至龙嘴口和龙嘴口到下宣抱子闸,兴筑环湖 1.55 万米长的围堤,废除小湖堤 5 万米,而后逐年加大。民国二十四年(公元 1935 年),东泌湖仿效西泌湖,联合 57 个小湖,上从鳖山起堵断东泌湖港进口,下止塞江口,截港造闸,筑成统一大埝,原东泌湖港成为内河。从此,汪洋无际的泌湖,人为地分成东西两大湖后,枫桥江束成一线,排洪受阻,使上游三江汇合处的 23 处 7810 亩农田和 2800 亩无堤田,均成为滞洪之所,连年受灾。新中国成立后,1956 年底,枫桥人民迫切要求整治不合理的旧河道,实行枫、栎、孝三江并道。将原栎桥江之水改由江口村经鲤鱼山,穿横塘头注入枫桥江。枫桥江经遮山到真武庙与孝泉江合并。同时,两岸按规划退堤拓宽。1957 年冬,下游改道,从塞江口起,穿西泌湖,经邵家埠至草江村注入东浦阳江。几十年来,采取以上综合措施后,中游汇合处23 个圩合并为立新湖和山塘畈。下游河道进行疏浚,除涝设置电排。因此,其后的 1962 年虽遭遇罕有洪水,但沿江较大湖畈仍安然无恙,基本上达到了旱涝保收、河流稳定的目标。[①]

遗产所在的黄檀溪又名枫溪江,源出诸暨、嵊州交界的上谷岭北麓,主峰海拔 810 米,纳黄坑、西坑、杜家坑水到三坑口汇合入三坑水库,出三坑水库始称上谷岭溪。北流纳里宣水(里宣

①《诸暨县水利志》,西安地图出版社,1994 年,第 37—39 页。

水出自走马岗北麓，西北流经里宣、外宣两村，至黄四娘潭入上谷岭溪），西流出皂溪村桥头，纳上洋、钟家岭水（钟家岭水出自上谷岭北，西流纳上洋、成家山水，至皂溪村桥头汇上谷岭溪），北流过山口村，纳上、下坞水后始称黄檀溪。经泉畈、花明泉，绕赵家，东纳驻日岭和辽坞水（驻日岭水发源于绍兴柯桥区，西南流经驻日岭村，绕荐福寺山麓，又西流经上京、夏湖村西流纳辽坞水），西流出芦墓桥经大竺园，与梅岭娄坞溪汇合（娄坞溪源出走马岗西麓，西流出石头坑，经绛霞，北出万寿桥汇胡家洞水，西北流经潘村，南纳宣甸、毛家园水，又西北流经宣店汇白峰水后，西流经娄坞桥头纳黄大畈、柳仙溪），始称枫溪江。西北流经蔡村、青山头，又北流大竺园纳柴爬岭、菩提山水后，北流沿紫薇山、经文昌阁、新妇石下、三几石头至枫桥镇铁石堰（黄龙堰）。西北折五显桥，至郑宝山脚纳大园、马浦桥溪（马浦桥溪出青岭，东纳石马山东水，又北经乌笪庙、五龟山纳石马山北水，又北流出马浦桥，流经孔村又东北流至郑家后，入枫桥江），经大虹桥至下汇地与栎桥江汇合。源长 25 千米，流域面积 132 平方千米。诸暨桔槔井灌工程遗产即位于该流域上游（图 1-3）。

诸暨地处中北亚热带季风过渡区，水资源比较丰富，总资源量为 27.75 亿立方米，其中本地水资源量 17.20 亿立方米（含岩组地下水 2.73 亿立方米），江河入境水资源量 9.8 亿立方米、引潮水量 0.75 亿立方米。全县亩均水资源量 2460 立方米。径流量面上分布规律与降水一致，多年平均径流深 742.5 毫米，径流量年际变化较大，随暴雨强度与降水时数有很大差异。诸暨站历年最大径流量 21.71 亿立方米（1954 年），最小为 6.09 亿立方米（1979 年），最大与最小之比为 3.56 倍。入境河流三条，一是浦阳江上游，入

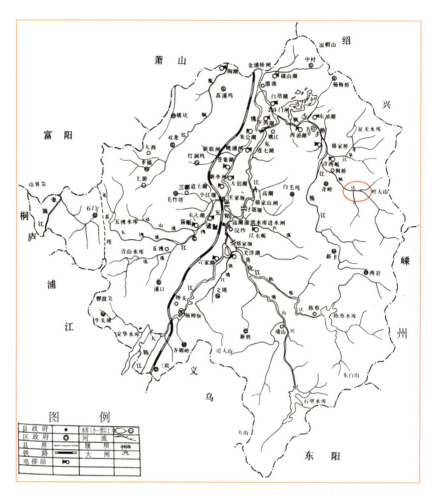

图1-3 诸暨水系及井灌工程遗产位置示意图①

安华水库年径流量 4.33 亿立方米；二是大陈江入境年径流 量 1.42
亿立方米；三是壶源江过境，经龙门乡年径流量 4.05 亿立方米。
利用钱塘江潮水上溯，湖区平均年引潮提灌 0.75 亿立方米。全县
通航河道：湄池至王家井、骆家桥、江藻等地，全长 70 千米。水
库湖荡水面 9.6 万亩，其中可养殖面积 6 万亩，年产淡水鱼 0.2 万

①《诸暨县水利志》，西安地图出版社，1994 年。

吨，结合育养珠产业，效益显著。通过蓄、引、提灌等措施，有效灌溉面积达 97.4%。地表水部分渗入到岩石裂隙中成为地下水，经浅层出流溪河，又成地表水。全县地下含水岩组有松散岩类孔隙潜水、含黏性土砂砾石孔隙承压水、红层孔隙裂隙水、碳酸岩类岩溶水、基岩裂隙水等五大类。地下水天然资源量为 2.73 亿立方米，贮存量以基岩裂隙水最多，约占地下水总量的 61.5%，其次是松散岩类及孔隙承压水，各岩组水资源量详见表 1–1。地下水可开采量 1.09 亿立方米，已开采量包括井、泉 6157 口及地下水库等 3214 万立方米，占可开采量的 29.49%。近年仅利用了部分井水和山区地下泉水，在枫桥和五泄等河谷平原尚有很大开发潜力。[1]

各类水利工程所能提供的已利用水量，包括地表水和地下水共 4.82 亿立方米，其中：蓄水工程，包括水库、山塘、湖荡等总蓄水量 2.38 亿立方米，可供水量为 2.47 亿立方米。引水工程，包括堰坝、渠道，总引水 4821 万立方米。提水工程，包括机械和电力提水灌溉水量 1.34 万立方米，农灌泉水 255 万立方米，其他 5000 万立方米。[2]

枫桥江流域处中北亚热带季风过渡区，具有丘陵山地典型气候特征，雨量充沛，多年平均降水量为 1514.9 毫米。水资源比较丰富，理论总资源量为 2.71 亿立方米（其中地表水 2.24 亿立方米，地下水 0.47 亿立方米）。[3]

---

①《诸暨县水利志》，西安地图出版社，1994 年，第 59—63 页。
②《诸暨县水利志》，西安地图出版社，1994 年，第 63 页。
③《枫桥江水利志》，中国文史出版社，2017 年。

表 1–1　　　　　　　　　　　　不同岩组水资源量

岩组 \ 项目	水利区划	五泄大西	姚江湄池	陈蔡璜山城关	牌头	枫桥	全县合计
河谷平原潜水	面积（千米²）	73.6	165.6	92.8	101.4	56.2	489.6
	资源量（万米³/年）	1819.4	1343.7	1427.7	1703.3	1256.2	7550.3
岩溶水	面积（千米²）	66.2	10.2	34.0	1.4	2.0	113.8
	资源量（万米³/年）	1473.5	161.8	643.2	21.0	44.3	2343.8
红层孔隙水	面积（千米²）	3.4	—	46.2	45.4	9.6	104.6
	资源量（万米³/年）	14.6	—	284.8	184.6	132.9	616.9
基岩裂隙水	面积（千米²）	386.5	113.0	682.3	135.3	291.4	1608.5
	资源量（万米³/年）	4341.1	972.4	7168.0	1077.7	3262.8	16822.0
各种岩组天然资源	面积（千米²）	529.7	288.8	855.3	283.4	359.2	2316.4
	资源量（万米³/年）	7648.6	2477.9	9523.7	2986.6	4696.2	27333.0

数据来源：《诸暨县水利志》

三、诸暨水利特征

　　诸暨地区历史上的水利工程主要还是堤、堰、闸等常规工程，桔槔井灌并非占据主导地位。《（光绪）诸暨县志·水利志》中就有分析："暨之于水，厥利有三：东南西三乡，地势高仰，无陂池大泽以蓄水，溪涧直泻，涸可立待，利用溉，于是乎筑堰。北乡地处洼下，众流之所归，不有防卫，即成泽国，利用障，于是乎筑埂。然外水不入，内水亦不出，汪洋浸灭，利用泄，于是乎建闸。此因地之利也。"[1] 历史上诸暨的大宗灌溉主要还是依靠堰坝蓄引地表水资源。明代绍兴知府戴琥[2]在成化十八年（公元1482年）5月说道："诸暨江潮至大侣，自此以上诸湖则防水之出，人力可以有为。以下诸湖则防潮之入，亦有尽非人力所能为堵，惟使斗门圩埂有备。余当付之天矣。"（《戴琥水利碑》）这里所说的"自此以上"是指大侣湖王家堰（早先堰址在蒋村，叫蒋村堰）以上；"防水之出，人力可以有为"是指大侣之上的浦阳江及其支流是山溪性河流，"无陂池大泽以蓄水，溪涧直泻，涸可立待"，所以要靠人力捺筑堰坝以蓄水，用来灌溉。

枫桥江上的堰坝，据《（光绪）诸暨县志》记载列名堰坝30条，并云："诸堰皆遵楼《志》载入，考各溪之堰，不止此数。"其中较早的有枫桥石壁堰，又名青龙堰，是明初陈大渊所筑，清康熙二十三年（公元1684年）重建堰坝大多设在枫桥江支流，利用块石或篾笼装卵石堆砌，灌溉农田有几十亩至千亩。新中国成立后，上游兴建众多大小水库，灌溉水源增加，原有半固定性的堰坝，部分改建为水库配套工程。至2012年，枫桥江上游有灌溉千亩以上堰坝9条，其中青龙堰、黄龙堰、泂村堰在《（光绪）诸暨县志》早有记载。这些堰坝主要分布在枫溪江、孝泉江、栎桥江上，其

---

①《（光绪）诸暨县志·水利志》，《中国地方志集成·浙江府县志辑》，上海书店1993年出版影印本。

②戴琥：字廷节，明江西浮梁人，景泰元年（公元1450年）举人。成化九年（公元1473年）任绍兴知府。

作用是可以自流灌溉，调节水流大小和方向，稳定河床，保护堤岸。①

湖畈是诸暨水利的又一重点。史料表明，诸暨之湖前身是湖泊，据《隋书·地理志》记载，会稽郡诸暨有泄溪、大农湖（即今大侣湖）。湖泊本系水调节之所，因累年积月，河流受水土冲淤演变，高者成为可耕地，低者仍为积水湖荡。随着人口的繁衍，人们为了生存，遂逐年向淤积高地筑圩垦植，盲目生产。由于几百年来无计划的滥围垦植，导致江呈一线，水无去路，因此出现一雨就洪、十年九涝、兴废无常的局面，这就是诸暨湖畈历史兴衰之因果。隋代之前，诸暨浦阳江河段的演变，人为的作用很小，几乎全部是水沙运动等自然因素时冲时淤的结果。隋代始，沿江进入人为的历史时期。宋乾道四年（公元1168年），绍兴知州史浩奏："属县诸暨聚数百里山谷之水，只有钱清一江以泄之，时人于县之四傍立七十二湖以潴蓄，故无泛溢之患。岁久，人皆占以为田，水无所归，遇雨皆还于湖，此非水之害也，是民不合以湖为田也。"昔日，素有"高者山田下湖田，月明雷动难为天"的感叹。安华以下两岸，高者为畈，低者为湖。因地势较高，多筑砂砾开口堤，以防冲而不防淹，任其洪水迂回，涨落迅速，有利生产。湖因地势低洼，多筑闭口堤，以防洪水侵入为害。至明洪武年间，随着增长的人口与有限土地之间的矛盾突出起来，人们为了繁衍生息，沿江淤地，任民筑开垦。万历三十三年（公元1605年），知县刘光复亲勘沿江各湖，因地制宜，顺水势以疏导，留隙地调节，组织湖民，编圩长夫甲，按田受埂，修筑堤防以御洪。当时，干支

①诸暨市水利局编《枫桥江水利志》，中国文史出版社，2017年，第116页。

流两岸筑堤围垦的湖有 117 个，围田达 22.8 万亩，其中开口堤 47 条，堤总长 7.6 万丈，同时筑有白塔湖斗门等 16 座古水闸以泄水。这些湖分为内湖外湖，外湖临江，内湖洼地称荡田，可以调节水旱，而湖荡多为膏腴之地，生产农本轻，如遇旱年，即大获利也。故俗有"诸暨湖田熟，天下一餐粥"之说。《（乾隆）绍兴府志》云："惟诸暨之湖田，水涸则尽为良田，故暨民利旱，与他处独异。"清道光年间，金陵之民散入山区，乞山垦植，致使水土大量流失，淤塞江道，水患加剧。湖畈坡地高仰，无塘池以蓄水，溪涧直泻，苟无灌溉，故一晴就旱，田干地裂，于是在干支流捺筑杨柳堰等 29 座临时古堰坝，以拦蓄引水灌溉。故防、蓄、泄是诸暨历代治水的方略，堤、堰、闸是防御水旱灾害的三大水利设施。新中国成立后，党和政府领导广大人民群众开展了水利建设，洪旱涝三灾频仍的局面有了改观。随着水利条件的改善，各湖畈相互合并为 68 个，农田面积 28.3 万亩，湖埂全长 288.9 千米，内埂全长 23.97 千米[①]。但由于历史原因，湖畈情况各异。一湖之内，有四面高中间低、半湖高半湖低、沿江高沿山低等特殊状况。这些低洼湖田的特点是常年积水不干，钉螺丛生，历年少收。为改变低产面貌，全县有重点地对下列三湖进行了综合治理。

灌溉方面，全县有 30 万亩山畈农田，分布在浦阳江干支流两岸河谷坡地，特征是地势高，坡度大，砂性重，保水差。历史上灌溉用水，主要靠少数水塘蓄水和溪流堰坝引水，如旱情持续，则水涸田裂，历年苦旱。一些受灾严重地区，故称"晒煞畈""菜篮畈""饿煞畈""黄连畈"。农谚有"夏种一大畈，秋收一箩担，

---

① 《诸暨县水利志》，西安地图出版社，1993 年，第 42 页。

稻桶一竖起，无米烧年饭"之说。如择山峡广建水库，旱资灌溉，潦杀山洪，始为两全之策。在历代治水过程中，又因水灾多于旱灾，故有偏重湖区洪涝，忽视山畈旱情的倾向。民国三十七年（公元1948年），齐东乡杨汝新曾投资兴建蟹坞水仓，以56万斤石灰拌三合土筑心墙，用小铁轨运土，铸铁管作涵洞，安装液压启闭，结果因建仓条件差，半途而废。新中国成立后，党和政府重视水利建设，根据广大农民的自负能力和国家财力的情况，因地制宜，对不同地区，采取不同对策，在贯彻"蓄水为主，小型为主，群众自办为主"的农田水利方针中，严格掌握"民办公助"和"合理负担"原则，县、区、乡分别试点，取得经验，逐步开展。到1987年底，全县已建成大中小型水库1100座，兴修山塘1.72万处，湖荡303处，合计总库容4.77亿立方米，蓄水量2.5亿立方米，有效灌溉面积达60万亩①。新中国成立初，全县没有水库，仅有为数不多的山塘。山畈农田抗旱能力不足20天，大部分靠天生产。古代用来拦水、引水的主要灌溉设施是堰坝。据《（光绪）诸暨县志》记载，列名堰坝30条，并云："诸堰皆遵楼《志》载入，考各溪之堰，不止此数。"其中较早的有枫桥石壁堰，又名青龙堰，是明初陈大渊所筑，清康熙二十三年（公元1684年）重建。这些堰坝都设置在浦阳江支流上游，利用地形和水源条件，等高拦筑，其材料采用块石或篾笼装卵石堆砌，灌溉农田几十亩至几千亩。在浦阳江城关上下，习惯于枯水时捺筑临时沙堰，拦水引灌，其中较早较大的有越山乡杨柳堰和大侣乡王家堰等，灌溉农田千亩至万亩。新中国成立前，全县有大小堰坝571条，各有其特点：

①《诸暨县水利志》，西安地图出版社，1993年，第151页。

上游是半固定性的石砌堰，工本轻，但受益面小，水源短，经常枯干；下游是临时捺筑的沙堰，水源虽长，但稍遇流量，经常冲垮，垮后急需重捺，工料大，受益也大。新中国成立后，上游兴建众多大小水库，灌溉水源增加，原有半固定性的堰坝，部分改建为水库配套工程，部分利用天然落差，兴建径流电站。1959 年，下游湖民要求改建临时捺筑的沙堰为固定性活动堰。据 1985 年水资源调查报告，全县现有大小堰坝 1416 条，灌溉农田 20.26 万亩，其中灌溉万亩以上的 5 条，千亩以上 18 条，百亩以上 105 条，百亩以下 1288 条[①]。

诸暨浦阳江自明成化九年（公元 1473 年）开碛堰始，钱塘江潮汐随之上溯。于是境内各湖，因势利导，引潮灌溉，五百多年来，年年如此。潮汐涨落，有其一定规律。每日早晚两潮，按时涨落，逐日推迟半小时左右。早潮叫潮，晚潮叫汐，早潮水量大于晚潮水量。一年四季，以秋潮最大，故称秋汛。按农历来说，立冬以后，潮就渐小，越冷越小，俗称冻煞潮。每月初一至初五，十五至二十日，是最大的涨潮期；初八至十二叫"初十乍"（乍即退），廿三至廿七叫"廿五乍"，是最小的落潮枯水期。相传有"初五、二十平老坎，初六、廿一小一半"，"初七、廿二上，初八、廿三落"之说。潮，还有汛前汛后之别，汛前潮比汛后潮大而早。其特征是，涨潮时怒涛汹涌，退潮时十分缓慢。新中国成立后，随着江河疏浚、截弯等系列整治，潮汐上溯之终点，均有所变化。昔日，由于河道淤塞受阻，浦阳江潮汐一般只能上溯至新亭埠，东江至五浦头。今日，浦阳江可上溯至王家堰，东江可到讨饭堰。枫桥江，

---

① 《诸暨县水利志》，西安地图出版社，1993 年，第 171 页。

昔日大潮可上溯至大虹桥、霞朗桥。今日，由于枫、栎、孝三江并道，河床起了质的变化，上游兴建堰坝跌水后，潮头只能到达三江2号跌水。凰桐江潮汐变化不大，一般仍到山环独山。潮汐到达终点后，停留半小时左右，随即缓慢退潮。据湄池水文站记载，1987年9月11日（农历七月十九日），当天没有山水夹杂的潮水位是7.98米，其中净潮约2米。可引潮提灌的农田有：姚江区6.57万亩，湄池区6.25万亩，枫桥区9863亩，大西区9278亩，三都区3480亩，合计15.08万亩①。此外，在8米以上的高田，除部分由水库灌溉外，还有部分"湖头畈尾巴"的梯田，其水源也都利用潮汐提灌，潮汐资源丰富。据县水资源调查报告，沿江湖田年引潮量为0.75亿立方米，各湖根据自己的湖情，适时适量控制运用。有的可引潮入田，有的为防止引进而排不出，造成内涝，一般多引潮尾，严禁漫灌。引潮时，潮位的大小须看风势而定：因风能助潮，也能压潮。如遇偏北大风，不仅潮位高，而且上溯快；反之，如遇南风大，潮受风压影响，上溯潮位就低又慢。故引潮灌溉。各湖自明代以来，均立有永规，家喻户晓。如白塔湖在民国二十九年（公元1940年）大旱，4月中旬到8月11日共118天，经研究决定，于农历七月二十日平潮时，视天气晴好，始放老小闸引潮尾3日，是年山田无收，而湖田大熟。1950年以后，凡遇旱放潮，均由水利委员会事前报区批准，任何单位和个人均不得私自开闸放潮，违者须承担一切后果。1963年，随着电力排涝站的建成，各湖闸门，由原来的木制自关门改为钢筋混凝土控制门，从此，各湖引潮，均有控制地进行。

①《诸暨县水利志》，西安地图出版社，1993年，第177页。

据《（光绪）诸暨县志》记载，早在明代，泄水靠涵闸，灌溉惟堰塘。排灌工具从古老笨重的人畜提水，而逐步发展到现代的蓄水引水和自流及电力排灌；需水范围从单一水稻农业扩展到经济作物和工企业生产；用水方式由桶灌、车灌到渠灌、喷灌，进而发展到电力提灌。

桔槔井灌之于诸暨，也是特定自然地理和水文地质条件下的特色产物。《诸暨县水利志》记载1985年前后的桔槔井灌情况："桶拗水，亦称'吊杆'，适用于提取井水。这种原始工具，早在春秋时代已经应用。用一支横木支在木柱上，一端用绳挂一水桶，另一端系重物，使两端上下运动，以提取井水，大多用于小块土地的灌溉。赵家镇赵家、泉畈、花明前三村较为普遍，共有拗井3633口，灌溉6600亩。该地系河谷冲积平原，土壤保水差，但地下水丰富，因此，每田有井，每井有拗架，农谚有'何赵泉畈人，硬头别项颈，一丘田，一口井，日日三百桶，夜夜归原洞'之说。这是人们昔日在抗旱斗争中提取地下水的唯一工具，劳动强度大，提水效率低。"

龙骨水车（简称水车），木制，分人力和牛力两种，是古时的车水工具。据史籍载，系东汉灵帝（公元168—189年）时毕岚所创造，流传至今已有1800多年历史。人力水车的规格分八尺、丈头、丈二、丈四、丈六、丈八、二丈四不等，车头也分两人踏、三人踏和手牵三种。这种水车在平原可排灌两用，一般农户均有备置。据1961年7月13日统计，投入抗旱的人力水车达2.14万部，向梯田翻水时，多达几十级，但提水扬程高，劳动强度大，出水数量小。牛力盘车，主要适宜于沿溪地下水丰富的五泄等区，挖潭车水。其规格是木制细弄盘车，适应牛力运动，车身不宜过长，免水倒流。这种盘车有户办，也有合户办。1961 年投入抗旱使用的牛车就有 381 部。此外，在沿江平原曾设想过使用风力水车，但终因三面环山，风力小，效果差而作罢。

四、水旱灾害

诸暨地处浦阳江中游，由于自然地理原因，上游洪水直泻，中游宣泄受阻，下游江潮顶托，致使来水快，去水慢，常泛滥成灾。据史料记载，从宋景祐元年（公元 1034 年）至 1987 年 953 年中，曾发生水灾 129 年次，其中民国十一年（公元 1922 年）的特大洪水，是 20 世纪罕有的灾难，全县人民遭受浩劫。发生旱灾 47 年次。[①] 中华人民共和国成立后，党和政府把抗御水旱灾害作为头等大事来抓，大力发展水利，经过多年的艰苦奋斗，有效地提高了抗灾能力，改变了非洪则旱的多灾局面。据《诸暨县水利志》整理，诸暨主要历史水旱灾害如下。

（一）历史水灾

宋景祐元年（公元 1034 年）八月甲戌大水，漂溺民居。（《（万历）绍兴府志》，以下简称《绍兴府志》）

绍兴五年（公元 1135 年）乙卯五月大水。（《绍兴府志》）

绍兴二十七年（公元 1157 年）丁丑大水。（《绍兴府志》）

乾道四年（公元 1168 年）秋七月，壬戌大水害稼，诏湖田米折帛。（《宋史·五行志》）

乾道八年（公元 1172 年）五月大水，冲居民堤防，腐禾。（《1956 年浦阳江流域规划》）

---

① 《诸暨县水利志》，西安地图出版社，1993 年，第 64 页。

淳熙七年（公元 1180 年）辛丑五月大水，流民舍，坏堤岸，腐禾稼。（《绍兴府志》）

淳熙十四年（公元 1187 年）秋大旱。（《绍兴府志》）

绍熙四年（公元 1193 年）癸丑夏四月，霖雨至五月，坏坪田，害蚕麦、蔬菜。（《绍兴府志》）

庆元三年（公元 1197 年）丁巳九月大水害稼。（《绍兴府志》）

嘉定三年（公元 1210 年）庚午夏五月大水，水坏田庐。溺死者众。（《宋史·五行志》）

嘉定五年（公元 1212 年）壬申夏，六月大水，坏田庐。（《绍兴府志》）

嘉定六年（公元 1213 年）癸酉夏，六月风雷，洪水暴发，漂十乡田庐，溺死者众。（《宋史·五行志》）

嘉定九年（公元 1216 年）丙子大水。（《绍兴府志》）

嘉定十五年（公元 1222 年）衢、婺、徽、严暴流与江涛合，泛滥及邑境，田庐害稼。（《宋史·五行志》）

淳祐八年（公元 1248 年）戊申秋大水，诏除湖田租，赈被水之家。（《绍兴府志》）

宝祐四年（公元 1256 年）丙辰秋大水，诏除湖田租。（《绍兴府志》）

咸淳七年（公元 1271 年）辛未夏，五月甲申大水，漂庐舍。六月大风雨雹。（《宋史·五行志》）

咸淳八年（公元 1272 年）壬申秋，八月大水。（《宋史·度宗本纪》）

咸淳十年(公元 1274 年)甲戌夏四月，大水大风。(《绍兴府志》)

元至元二十六年（公元 1289 年）己丑春，二月大水。（《绍

兴府志》）

至元二十九年（公元 1292 年）壬辰六月大水。（《绍兴府志》）

元贞二年（公元 1296 年）丙申大水。（《绍兴府志》）

至顺元年（公元 1330 年）庚午大水。（《绍兴府志》）

明洪武三年（公元 1370 年）大水。（《1956 年浦阳江流域规划》）

正统八年（公元 1443 年）癸亥夏，淫雨害稼。（《绍兴府志》）

成化七年（公元 1471 年）辛卯秋大雨，水害稼。（《（乾隆）绍兴府志》）

成化九年（公元 1473 年）癸巳八月大水。（《（嘉靖）浙江通志》）

成化十二年（公元 1476 年）丙申秋七月，大雨害稼。（《绍兴府志》）

正德七年（公元 1512 年）壬申秋，大雨害稼。（《绍兴府志》）

嘉靖二年（公元 1523 年）癸未水。（《绍兴府志》）

嘉靖八年（公元 1529 年）己丑水。（《绍兴府志》）

嘉靖十三年（公元 1534 年）甲午秋七月，浣江涨水入城，平地深一丈。（《绍兴府志》）

嘉靖十八年（公元 1539 年）己亥大水。（《绍兴府志》）

嘉靖四十五年（公元 1566 年）丙寅大水，漂民居。（《绍兴府志》）

隆庆三年（公元 1569 年）己巳夏水，诏免存留钱粮。（《（光绪）诸暨县志》）

隆庆四年（公元 1570 年）庚午大雨成灾。（《（光绪）诸暨县志》）

万历二十年（公元 1592 年）壬辰大水。（《（光绪）诸暨县志》）

万历三十五年（公元 1607 年）丁未夏，五至六月霖雨，闰六月山洪暴发，洪水泛滥，溺人无数。（《浙江通志》）

万历三十六年（公元 1608 年）戊申梅雨七昼夜，大水害稼，民饥。（《（乾隆）绍兴府志》）

万历四十三年（公元 1615 年）乙卯夏六月七日暴雨，大水腐禾。（《（乾隆）绍兴府志》）

万历四十六年（公元 1618 年）戊午自二月至五月雨不止，岁饥。（《（康熙）诸暨县志》）

万历四十七年（公元 1619 年）己未大水，濒江民多淹死。（《（康熙）诸暨县志》）

天启七年（公元 1627 年）丁卯五月，大雨数日，洪水泛滥，民舍尽倾，东城外嵩山庙是午冲圮。（《（康熙）诸暨县志》）

崇祯元年（公元 1628 年）戊辰七月二十三日，大风雨拔木扬沙，自辰至未，水深十余丈，埂庐尽坏，湖乡居民溺死千余人。（《（光绪）诸暨县志》）

崇祯十三年（公元 1640 年）庚辰夏雨雹，禾稼尽折，击伤牛羊无算。六月大旱秋大水，斗米价五钱，人食草木，见地中白土，呼为观音粉争食之。（《（乾隆）绍兴府志》）

清顺治十四年（公元 1657 年）丁酉夏，六月十九日大水，漂庐舍，冲田埂。（《（光绪）诸暨县志》）

康熙九年（公元 1670 年）庚戌夏六月，大雨三昼夜不绝，江水泛滥，湖田尽淹。（《（光绪）诸暨县志》）

康熙二十年（公元 1681 年）辛酉夏五月，甲午大雨二十余日不止，大水舟行树梢之上，七十二湖尽决。（《（光绪）诸暨县志》）

康熙二十一年（公元 1682 年）壬戌夏大水，城不没者三板。（《（光

绪）诸暨县志》）

康熙二十三年（公元 1684 年）甲子夏五月，大雨十七昼夜，湖埂尽决。六月旱，秋七月七日复雷雨，洪水发。（《（光绪）诸暨县志》）

康熙二十四年（公元 1685 年）乙丑秋七月二十五日，霖雨数日不止，狂风拔木，湖埂尽决。八月十五日复大雨，山洪暴发，湖田尽淹。（《（光绪）诸暨县志》）

康熙二十九年（公元 1690 年）七月二十四日，淫雨连朝，至八月初三，又受水灾。（《（光绪）诸暨县志》）

康熙三十八年（公元 1699 年）已卯大水。（《（乾隆）诸暨县志》）

康熙五十一年（公元 1712 年）壬辰风雨害稼。（《浙江通志》）

乾隆五年（公元 1740 年）庚申大水。（《（乾隆）诸暨县志》）

乾隆九年（公元 1744 年）甲子大水。（《浙江通志》）

乾隆十七年（公元 1752 年）壬申大水。（《（乾隆）诸暨县志》）

乾隆十八年（公元 1753 年）癸酉大水。（《（光绪）诸暨县志》）

乾隆二十年（公元 1755 年）乙亥大水。（《（光绪）诸暨县志》）

乾隆二十三年（公元 1758 年）戊寅大水。（《（光绪）诸暨县志》）

乾隆二十六年（公元 1761 年）辛巳大水。（《（光绪）诸暨县志》）

乾隆二十七年（公元 1762 年）壬午大水。（《（光绪）诸暨县志》）

乾隆二十八年（公元 1763 年）癸未大水。（《（光绪）诸暨县志》）

乾隆三十八年（公元 1773 年）癸巳夏，五月十七日大水。（《（光绪）诸暨县志》）

乾隆四十五年（公元 1780 年）庚子秋，七月十四日夜大雨，山洪发，江水暴涨，岁大饥。（《（光绪）诸暨县志》）

嘉庆二十五年（公元 1820 年）秋八月大水，山洪并出，湖埂尽决。

（《（光绪）诸暨县志》）

道光三年（公元 1823 年）癸未大水，湖田尽淹。（《（光绪）诸暨县志》）

道光九年（公元 1829 年）己丑大水，泌湖尽决。（《（光绪）诸暨县志》）

道光十八年（公元 1838 年）戊戌秋，八月水，江东埂决。（《（光绪）诸暨县志》）

道光二十一年（公元 1841 年）辛丑夏大水。（《（光绪）诸暨县志》）

道光二十四年（公元 1844 年）五月十八日，雷雨冰雹交加，春花受灾极重。（《（光绪）诸暨县志》）

道光二十七年（公元 1847 年）丁未大雨雹伤稼。（《（光绪）诸暨县志》）

道光二十八年（公元 1848 年）戊申大水。（《（光绪）诸暨县志》）

道光二十九年（公元 1849 年）己酉夏，五月大水，百丈埂决，湖田尽淹。（《（光绪）诸暨县志》）

道光三十年（公元 1850 年）庚戌夏，五月大水，秋八月十二日戌时复大雨，十三日晨，洪水大发，湖埂尽决，濒湖居民数百家无以存活，多携少长流徙远方，弃子女婴孩于陂塘，水咽不流。知县刘书田请赈恤，民始更生。（《（光绪）诸暨县志》）

咸丰三年（公元 1853 年）六月十七日，骤雨七昼夜，大水。（《（光绪）诸暨县志》）

咸丰四年（公元 1854 年）甲寅夏，五月大水，百丈埂决。（《（光绪）诸暨县志》）

同治四年（公元 1865 年）乙丑大水，枫桥平地涨一二丈，湖

埂尽决。（《（光绪）诸暨县志》）

同治十年（公元1871年）辛未春，三月初十日大雨雹，二十二日雷雨大风，飘瓦拔木，毙人无算；夏四月十二日大雨雹；冬十月初一十二都大雨雹，屋瓦皆飞，五十都杨村雨菽。（《（光绪）诸暨县志》）

光绪元年（公元1875年）秋七月廿八日未时，烈风雷雨，洪水骤发，决埂。（《（光绪）诸暨县志》）

光绪二年（公元1876年）五月十一日申刻，狂风骤雨，发屋拔木；三十日，彻宵狂雨，下水门闸四板；六月初二日，水涨至邑庙右陈祠，江东畈、道仕湖、沙塔湖及街亭以上湖家、杨家诸埂尽决。（《诸暨民报五周年纪念册》）

光绪四年（公元1878年）三月初七日，雷雨大作；初八日城没三板；廿二日淫雨四日，江东畈、大侣湖、王家堰头、西湖、花湖、天带徐等均决。（《诸暨民报五周年纪念册》）

光绪五年（公元1879年）五月五日大雨，邑庙后城垣倒坍；七月初二日大雨风雹。（《诸暨民报五周年纪念册》）

光绪七年（公元1881年）辛巳夏，五月大水。（《（光绪）诸暨县志》）

光绪八年（公元1882年）五月初一、二日雷雨，水入城，大侣湖、金家湖、西湖均决。六月二十日大水，西湖、江东畈、金家湖、沙塔湖、东大湖复决。（《诸暨民报五周年纪念册》）

光绪九年（公元1883年）三月十三日，彻夜雷雨，十五日城没三板，湖田湮。（《诸暨民报五周年纪念册》）

光绪十年（公元1884年）五月初二日，连日狂雨，东大湖、大塘湖、大侣湖决；金家湖、沙塔湖均湮。（《诸暨民报五周年

纪念册》）

光绪十二年（公元 1886 年）七月十三、十四、十五三日，大雨，水灌城，埂多决。（《诸暨民报五周年纪念册》）

光绪十三年（公元 1887 年）丁亥夏，六月大雨，里浦水涨五尺，枫桥涨至丈余，湖埂决。八月廿七日至十月十五日淫雨，城中行舟月余，湖埂尽决，下北尤甚。（《（光绪）诸暨县志》）

光绪十五年（公元 1889 年）七月廿五日至廿九日，连日大风雨，水灌城，北门外七岗岭、附二都、十二都、十三都田庐被冲。八月廿七日至十月初五淫雨，城中行舟月余，埂决，冬作皆淹，下北尤甚，筹办赈济。（《诸暨民报五周年纪念册》）

据《浙江省台风资料》记载：1889 年 8 月 22 日台风在温州登陆，深入江西上饶附近转向，回经建德、浦江、诸暨、绍兴，至象山出海。这次台风影响浙江全省 60% 地区。据华东水利学院洪水调查表明，诸暨县五泄江水磨头站洪峰流量 837 立方米每秒，全县发生大水。

光绪十六年（公元 1890 年）四月下旬淫雨，廿八日城没三板，大侣湖、梓树湖、西湖、金家湖、沙塔湖、道仕湖均决。七月大水，害稼。（《诸暨民报五周年纪念册》）

光绪十七年（公元 1891 年）辛卯大水。（《（光绪）诸暨县志》）

光绪二十年（公元 1894 年）甲午春，正月二十五日未时，六十五都大雨雹；二月初一日雪水决堤。（《（光绪）诸暨县志》）

光绪二十四年（公元 1898 年）戊戌秋，八月十八日大水。（《（光绪）诸暨县志》）

光绪二十五年（公元 1899 年）己亥夏，六月十五日大水，枫桥坏庐舍数十间，溺毙二十余人，堤岸崩坼，江东、泌湖埂尽决；

七月复大雨，田禾俱淹，道馑相望；九月复大雨，坏庐舍庙宇无算，知县沈宝清筹款请，买米赈恤，积谷备荒，并议工赈，堤埂得复。（《诸暨民报五周年纪念册》）

光绪二十七年（公元1901年）连日霖雨，湖埂尽决，岁收大歉。（诸暨县档案馆《历史灾情表》）

宣统元年（公元1909年）立秋大水入城，岁歉。（诸暨县档案馆《历史灾情表》）

宣统二年（公元1910年）湖乡遭水害，大歉。（诸暨县档案馆《历史灾情表》）据省气象局台风资料记载：7月27日台风在琉球群岛东太平洋海面形成，向西移动。29日8时，台风中心移至北纬27.9°，东经125.5°，30日8时，台风在象山港附近登陆，经余姚、诸暨、金华，31日深入江西、湖北消失。

（二）旱灾

宋嘉祐四年（公元1059年）夏大旱。（《绍兴府志》）

淳熙三年（公元1176年）丙申旱。（《绍兴府志》）

淳熙十四年（公元1187年）秋大旱。（《绍兴府志》）

开禧元年（公元1205年）乙丑夏旱。（《绍兴府志》）

淳祐二年（公元1242年）大旱。（《绍兴府志》）

景定五年（公元1264年）甲子大旱。（《（乾隆）诸暨县志》）

元至元十二年（公元1275年）乙亥旱。（《（乾隆）诸暨县志》）

元统元年（公元1333年）癸酉自正月不雨至七月。（《绍兴府志》）

元统三年（公元1335年）大旱。（《绍兴府志》）

至正十二年（公元1352年）大旱。（《绍兴府志》）

明成化二十三年（公元 1487 年）丁未大旱。（《（乾隆）诸暨县志》）

正德三年（公元 1508 年）戊辰旱。（《（乾隆）诸暨县志》）

嘉靖五年（公元 1526 年）丙戌旱。（《（乾隆）诸暨县志》）

嘉靖二十四年（公元 1545 年）乙巳大旱，斗米银二钱。（《绍兴府志》）

嘉靖三十三年（公元 1554 年）甲寅夏旱。（《绍兴府志》）

隆庆二年（公元 1568 年）戊辰旱。（《（光绪）诸暨县志》）

万历二十五年（公元 1597 年）五、六、七三月不雨，泉流俱竭，岁大歉，饥馑相望。（《（康熙）诸暨县志》）

天启五年（公元 1625 年）乙丑大旱。（《（乾隆）绍兴府志》）

崇祯九年（公元 1636 年）丙子大旱。（《（光绪）诸暨县志》）

崇祯十六年（公元 1643 年）癸未大旱。（《（光绪）诸暨县志》）

清顺治九年（公元 1652 年）壬辰大旱。（《（乾隆）绍兴府志》）

顺治十八年（公元 1661 年）辛丑大旱。（《（光绪）诸暨县志》）

康熙十年（公元 1671 年）辛亥自五月至八月不雨，大旱。（《（光绪）诸暨县志》）

康熙五十五年（公元 1716 年）丙申秋大旱。（《（光绪）诸暨县志》）

康熙六十年（公元 1721 年）辛丑秋大旱。（《（乾隆）诸暨县志》）

乾隆十六年（公元 1751 年）辛未大旱，岁饥，民食观音粉多死。（《浙江通志》）

乾隆二十一年（公元 1756 年）丙子旱。（《（乾隆）诸暨县志》）

嘉庆七年（公元 1802 年）壬戌夏旱。（《（光绪）诸暨县志》）

嘉庆二十五年（公元 1820 年）庚辰春夏大旱。（《（光绪）诸暨县志》）

道光六年（公元 1826 年）丙戌夏大旱。（《（光绪）诸暨县志》）

道光十三年（公元 1833 年）癸巳久旱大疫，斗米银六钱，道馑相望。（《（光绪）诸暨县志》）

咸丰二年（公元 1852 年）壬子大旱，自春至冬不雨，田禾尽槁。（《（光绪）诸暨县志》）

同治元年（公元 1862 年）大旱，田园荒芜，湖乡斗米千钱，多处卖儿典妻，死者万余人。（《（光绪）诸暨县志》）

同治二年（公元 1863 年）夏旱大疫。（《（光绪）诸暨县志》）

同治十二年（公元 1873 年）癸酉夏，五月大旱。（《（光绪）诸暨县志》）

光绪五年（公元 1879 年）己卯夏，六月大旱。（《（光绪）诸暨县志》）

光绪十六年（公元 1890 年）庚寅夏，六月旱。（《（光绪）诸暨县志》）

民国三年（公元 1914 年）夏至起大旱 73 天，山乡无收，饿殍载道，田螺、地衣皆尽，煎皮箱钉鞋充饥。县署筹办平粜，小儿发麻症多死。（县档案馆《历史灾情表》）

民国六年（公元 1917 年）立冬后久旱。（县档案馆《历史灾情表》）

民国七年（公元 1918）夏至大旱。（县档案馆《历史灾情表》）

民国八年（公元 1919）小暑后旱。（县档案馆《历史灾情表》）

民国二十三年（公元 1934 年）入夏亢旱，久晴不雨，井水均告干涸，浣江断流，山地畈田，禾苗枯萎，受灾惨重。7 月 18 日起，虽阴雨三四天，然卒以酷旱过久，田土枯燥已极，依然无济于事，近日骄阳当空，热度又高，秀而未实之旱禾，经此赤日熏晒，收成已完全绝望，二季稻已无下种之可能，即可灌江水之湖田，农民无问日夜，辛勤灌屏，亦告精疲力竭，农民忧形万状，备极惨楚。城区及乡间饮料之水，均发生恐慌，人民不得已多汲取污浊之水充作饮料，以致发生疫病者有之，以秋收无望而断然自杀者有之，惶惶然不可终日。县政府有鉴于此，特提出补救要点，通告全县民众严切遵照实行，并以城区公共井池干涸，江水断流，且不清洁，总计全城水量至多可供给十日之用，为此召开城区饮料会议，决议于城乡内外凿井三口，以供饮料，而资消防，需费七千余元，比照民间住屋派征，每户有两间者派十元，多则类推。小东杜家坞周明海，五十余岁，因旱灾借贷无门，乏米煮炊，腹饥难挡，遂生厌世之念，服菜虫药以自尽。同村周万林，年近八旬，一家数口，赖年成丰收，终日勤劳，方能维持生活，不料作物受旱灾无望，又谋生无着，亦于次日用麻绳悬梁自缢。是年，大西、小西、上南各乡受灾最重，受灾田 19.78 万亩，减产达 5250 万斤，灾民 6.07 万人。省赈务会拨苞米 12.5 万斤，赈款 8082 元，赈粮 813 石，受赈户 6846 户，人口 2.9 万人。（《中国经济年鉴》）

民国三十三年（公元 1944 年）受旱减产 6.38 万亩。（《浙江经济年鉴》）

民国三十四年（公元 1945 年）受旱月余，受灾 58 乡镇，灾田 30 万亩。（《诸暨县政府旱灾调查表》）

民国三十六年（公元 1947 年）秋旱和虫灾。据省方会同查勘，受灾农田 19.45 万亩，山地 2.77 万亩，减产八九成，报省备案。（《诸暨县政府简报》）

1953年从7月1日起,连续干旱59天,全县99乡遭受不同旱情,成灾面积12.5万亩。诸暨县委组织力量到各区领导抗旱,枫桥区65个区乡干部,其中45人帮助群众车水抗旱;陈蔡区挖掘泉井280口;汤江乡组织24节水车翻水抗旱。诸暨县政府对旱情严重的开一、萃溪两乡和复兴、溪岩等乡发放部分救济粮,对一般困难户,教育群众亲邻互助,开展自由借贷;对无劳力之孤寡残疾,动员群众进行社会互济;对特殊困难户必须救济者,由民政科研究处理。省民政、财政两厅合署拨发救济粮款0.5万元。(《诸暨县政府通知》)

1958年自5月19日至8月19日,连续干旱93天无透雨,城关附近河水断流,全县受灾面积12.14万亩,减产粮食1430万公斤。6月初,旱象露头,7月1日城关太平桥水位降至8.06米,流量仅0.31立方米每秒,下旬降至最低水位7.67米,河水断流,山区部分村饮水发生困难,旱情扩大,据7月24日统计,全县受旱农田11.06万亩(断水4.39万亩,开裂2.47万亩,无水下种2.01万亩,发白卷梢1.73万亩,枯黄4600亩),山地受旱1.8万亩。

1971年6月24日至9月18日,干旱87天,全县受旱面积19.6万亩,其中断水干裂减产的12.1万亩改种玉米、荞麦、蔬菜等1.8万亩,发白卷梢5.7万亩,因灾减产粮食1470万公斤。7月4日湄池水位低至4.06米,历来引潮灌溉的湖发生旱象,姚江、湄池、大西等15个湖畈有5万亩断水干裂无法下种。旱情特点:旱得早,气温高,发展快。自6月23日出梅后,晴热少雨,耗水量大,旱情发展快,山畈丘陵出现溪水断流、潭水干枯的情况。8月中旬,石壁、安华等水库先后放空,城关自8月16日起断流,干涸20天。居民生活用水发生困难,山区农村有排队争水,有到外地挑水。据统计，全县吃水困难的有 93 个大队，最严重的是西岩公社，该社 14 个大队，有 9 个大队饮水困难。县里把抗旱作为最紧迫的任务来抓，提出党委领导带头，各行各业大力支援的号召，县委常委带领县级机关干部 160 人到旱情严重的公社、大队领导抗旱。全县日出勤抗旱劳力 12 万人，动用电动机 800 台、柴油机 300 台，拖拉机 100 台，水车 2 万部，打井挖泉 5000 口，抢种 7 万亩。齐东公社 200 人用脸盆、竹管装水，抢种玉米 79 亩；檀溪公社 1497 口水井，息人不息桶，日夜拗水；征天水库打破灌区界限，高田灌库水，低田翻潮水，团结抗旱，主动调水 100 万立方米给邻近的大祝、迪山等非受益大队，在遮山二号跌水调集 23 台抽水机翻潮灌溉，力保灌区大旱之年粮食丰收。8 月 29 日，三都、城西、城山、红门等公社在各行各业支援下，联合调集 22 台电动机，在小江堰翻取潮水，再用三级电灌，抢救 2 万亩龟裂晚稻。9 月 5 日城关镇调集 40 台 600 千瓦电动机，在王家堰下翻潮，奋战五昼夜，抽水 120 万立方米，解决了城关工业和居民用水问题。县工交财贸部门抽出电动机 107 台、柴油机 37 台、变压器 35 台、水泵 452 台支援抗旱，并派出 160 名技术工人，组成小分队到农村义务为农民修理抗旱机械；农业、商业部门采购六谷、荞麦、萝卜等种子 10 万斤，以供生产。（《诸暨县防汛防旱指挥部报告》）

第二节　诸暨社会经济背景

诸暨历史悠久，曾是越国早期的都城所在，历史文化积淀深厚，经济比较发达。

一、行政区划与人口

诸暨现为浙江省绍兴市下辖的县级市，位于浙江省中北部、绍兴市西南部，东靠嵊州，南与东阳、义乌、浦江毗邻，西和桐庐、富阳相接，北与柯桥、萧山为界。市域面积 2311 平方千米。全境处于浙东南、浙西北丘陵山区两大地貌单元交接地带，由东部会稽山低山丘陵、西部龙门山低山丘陵、中部浦阳江河谷盆地和北部河网平原组成。现辖暨阳街道、浣东街道、陶朱街道、暨南街道、大唐街道 5 个街道，应店街镇、次坞镇、店口镇、姚江镇、山下湖镇、枫桥镇、赵家镇、马剑镇、五泄镇、牌头镇、同山镇、安华镇、璜山镇、陈宅镇、浬浦镇、岭北镇、东白湖镇、东和乡 18 个镇乡。户籍人口 108 万人，常住人口约 121 万人。城镇化率 61%。[①]

二、社会经济文化概况

诸暨因禹召集众诸侯会聚于此地而得名，是越国古都，属越文化发祥地之一[②]。秦时置县，具有 2000 多年建城史，1989 年撤县设市。2022 年，全市实现生产总值 1658.84 亿元，同比增长 4.6%，全市累计实现财政总收入 131.66 亿元，一般公共预算收入 90.28 亿元；全市全体居民人均可支配收入 67810 元，同比增长 4.7%，城镇、农村常住居民人均可支配收入分别为 80438 元和 49695 元，同比增长 3.8% 和 6.8%。诸暨是中国袜业之都、中国珍珠之都、中国五金之乡，大唐袜业产量占全国的 65%、全世界的 35%，山下湖珍珠产量占全国的 80%、全世界的 70%，店口五金管业产量

---

① 摘自诸暨市政府网站。
② 一说为山水汇集之地。见《元和郡县志》载："县有暨浦、诸山，因以为名。"

占全国的 70%。共有规（限）上企业 1933 家、超亿元企业 206 家、世界 500 强企业 1 家、各类市场主体近 18 万家。工业强市综合居全省前三，位列全国科技创新百强县市第 16 位，综合实力位居全国百强县市第 10 位，获评"2022 浙商最佳投资城市"。[①]

诸暨是一座人文之城，是西施故里，历史悠久、人文荟萃。诸暨素有"耕读传家"之风，文化积淀深厚，名人辈出，是浙江省文化名城。先后诞生了王冕、杨维桢、陈洪绶等一批文坛奇才和俞秀松、张秋人、宣中华等一批革命志士，孕育了小麦学研究专家金善宝、物理学家赵忠尧等 14 位"两院"院士和 130 多位将军。

---

① 摘自诸暨市政府门户网站"走进诸暨"（https://www.zhuji.gov.cn/col/col1370350/index.html.）。

第二章　桔槔井灌工程历史演变

　　桔槔是世界上最古老的提水机械之一，公元前 15 世纪前就已在古巴比伦和埃及等地广泛使用，中国在公元前 4 世纪已经用于灌溉。《庄子》中曾经记载桔槔汲取井水的工作原理，"凿木为机，后重前轻，挈水若抽，数如泆汤，其名为槔"，称"有械于此，一日浸百畦，用力甚寡而见功多"。以桔槔为主的提水机具的井灌是中国古代长江以北的平原地区常用的灌溉方式。

　　诸暨赵家镇的居民是公元 12 世纪至 14 世纪时来自北方的移民后代。以何、赵两姓为主的家族在新的土地定居之后，发现井灌更适应这里水稻灌溉的需要。据赵氏宗祠 1809 年的"兰台古社碑"记载，当时赵家镇的水稻主要依靠井水灌溉，在大旱之年，周边稻谷无收，而井灌区却依旧丰收。

　　古代诸暨人把用桔槔提水的井，称作"抝井"。"抝"是指用桔槔提水的过程。据统计，20 世纪 30 年代赵家镇有抝井 8000 多口，1985 年剩有 3633 口，灌溉面积 6600 亩。在近 30 年的城镇化进程中许多古井被填埋，数量剧减。赵家镇泉畈村是目前抝井保存最为集中的区域，核心区还有古井 118 口，灌溉面积 400 亩。泉畈村的村民不仅是以对先祖的崇敬而选择了对"抝井"的坚守，更是因为在山洪频发的山谷区，抝井没有洪水冲毁的威胁，且能为一家一户提供便利的灌溉需求。①

第一节　桔槔井灌的发展史

　　桔槔是最为古老的从井中提水的机械，早在公元前15世纪以前，古巴比伦和埃及人就已广泛使用这种简易而有效的杠杆装置提水。公元前1500年前底比斯的墓葬中就有古埃及人使用桔槔灌溉棕榈树的画（图2-1）。公元前7世纪亚述人已经使用桔槔逐级提水（图2-2）。中国最早关于桔槔提取井水的文字记载见于公元前4世纪的《庄子》一书，孔子的弟子子贡向灌溉的农夫建议"凿木为机，后重前轻，挈水若抽，数如泆汤，其名为槔"，说"有械于此，一日浸百畦，用力甚寡而见功多"。可见早在2400多年前，中国就已开始使用桔槔提水灌溉。汉代墓葬中出土的画像石也有使用桔槔的描绘（图2-3）。

图2-1　古埃及人使用桔槔提水灌溉②

图2-2　公元前7世纪亚述人桔槔逐级提水图③

　　① 中国水科院水利史研究所《浙江诸暨井灌遗产工程申报世界灌溉工程遗产文件》，2015年。
　　②③ 图片摘自李约瑟《中国科学技术史》。

图 2-3　汉代小汤山墓龛绘有桔槔的画像石

一、桔槔提水机械发展史

作为最为简便的提水灌溉方式，在中国历史中，桔槔井灌在地下水丰富的平原地区应用十分普遍，历代文献中对桔槔井灌多有记载（图 2-4）。元代王祯[①]所著的《农书》中就记载："今濒水灌园之家多置之，实古今通用之器。"（图 2-5）直至 19 世纪，这一井灌方式在中国仍十分普遍。

附：桔槔古诗一首

桔　槔

[宋] 袁燮[②]

谁作机关巧且便，十寻绕指汲清泉。

往来济物非无用，俯仰由人亦可怜。

---

①王祯：字伯善，元代东平人（今山东东平）人。中国古代农学家，著有《农书》等。
②袁燮：字和叔，宋庆元府鄞县人，淳熙八年（公元 1181 年）进士。

图2-4　《天工开物》及《农书》中的桔槔提水图

图2-5　王祯《农书》中桔槔条目书影

043

二、凿井及井灌发展史

水井出现之前，人类逐水而居，只能生活有地表水或泉水的地方。水井的发明使人类活动范围扩大。中国是世界上开发利用地下水最早的国家之一。中国已发现最早的水井是浙江余姚河姆渡古文化遗址水井，其年代距今约5700年。这口水井外围近似于一个圆形，但内侧却是规则的方形竖井。河姆渡人为了防止井壁坍塌，还在井坑中打入四排木桩，形成了一个方形桩木墙。排桩内顶还修建了一个方形木框，外形看起来类似象形文字"井"，这可能也是"井"最早的雏形。这口方形木结构水井，深度1.35米，边长差不多有2米。从井口向下望去就是一个"井"字，由此可推测"井"字的起源，应该是指水井方框支架的形状。

周朝时期军队内专门设立了一个负责挖井的官职"挈壶氏"。每当军队开拔到一个地方，"挈壶氏"就会负责挖井，而且是每一个驻地都有一口水井。这样就可以有效确保井水安全。水井开凿完成之后"挈壶氏"就会在井上悬挂一个水壶。

关于井的记载很早就已出现。《穀梁传》记载："古者公田为居。井灶葱韭尽取焉。"《孟子》曰："方里而井，井九百亩，其中为公田。此古井田之制，因象井韩而命之也。"相传井是尧帝时期由伯益发明的。《说文解字》卷五"井部"记载："丼，八家一井，象构韩形。䍰之象也。古者伯益初作井。凡井之属皆从井。""八家一井"可以解释为，八户人家共用一口井，这种说法其实与井田制如出一辙。

唐代，井的应用已非常普遍，深入生活，融入文化，影响深远。唐诗中有很多关于井的描述。如诗人李峤以《井》为诗名，描绘了唐代的"仙井"。虽然全文并未见一个井字，却以生动的语言和丰富的情感，让世人对"唐井"有了一定了解："玉凳谈仙客，铜台赏魏君。蜀都宵映火，杞国旦生云。向日莲花净，含风李树薰。已开千里国，还聚五星文。"李白曾作《桓公井》："桓公名已古，废井曾未竭。石凳冷苍苔，寒泉湛孤月。秋来桐暂落，春至桃还发。路远人罕窥，谁能见清彻。"另一位诗人苏味道，也曾以《咏井》为题赋诗："玲珑映玉槛，澄澈泻银床。流声集孔雀，带影出羬羊。桐落秋蛙散，桃舒春锦芳。帝力终何有，机心庶此忘。"边塞诗人王昌龄作《长信秋词·其一》："金井梧桐秋叶黄，珠帘不卷夜来霜。熏笼玉枕无颜色，卧听南宫清漏长。"

井灌的早期记载是在《世本》中的"汤旱，伊尹教民田头凿井以溉田"。春秋时有了明确的记载。《吕氏春秋·察传》载："宋之丁氏，家无井而出溉汲，常一人居外，及其家穿井。告人曰：'吾穿井得一人。'……闻之于宋君。宋君令人问之于丁氏。丁氏对曰：'得一人之使，非得一人于井中也。'"意思是说凿一口井，就近浇水方便，等于增加了个劳动力。《庄子·天地》云："子贡南游于楚，反于晋，过汉阴，见一丈人方将为圃畦，凿隧而入井，抱瓮而出灌，搰搰然用力甚多，而见功寡。子贡曰：'有械于此，一日浸百畦，用力甚寡而见功多，夫子不欲乎？'为圃者仰而视之，曰：'奈何？'曰：'凿木为机，后重前轻，挈水若抽，数如泆汤，其名为槔。'"又《说苑·反质》云："卫有五大夫，俱负缶而入井灌韭，终日一区。邓析过，下车，为教之曰：'为机重其后，轻其前，命曰桥，终日溉韭百区不倦。'""桥"即"槔"，就是桔槔。可见春秋时在宋、晋、楚、卫等地已凿井灌园，并开始利用桔槔灌溉。《管子·地员篇》记载了地下水的埋藏深度、地下水质，以及相应的土壤性质和适于种植的作物等。这种认识是在凿井普遍运用后从实践中形成的。

汉代凿井更为普遍，从北方的辽宁辽阳、内蒙古磁口到南方的广东广州，从东海之畔到甘肃嘉峪关都出土有汉代的古井、井模型及井壁画，凿井技术还传播到西北新疆等地。井灌不但可浇园圃，还可灌溉大田作物。《氾胜之书》讲到种麻的技术时说："天旱，以流水浇之，树（株）五升；无流水，曝井水，杀其寒气以浇之。"《氾胜之书》还讲到稻、麦、豆、瓜、芋等作物灌溉的问题，估计如地面水缺乏，也可能提取井水灌溉。东汉王充在《论衡·自然篇》中也说："汲井决陂，灌溉园田。"北魏时出现了田间井群布置的记载。《齐民要术·种葵篇》谓："于中逐长穿井十口。（井必相当，斜角则妨地，地形狭长者，井必作一行；地形正方者，作两三行亦不嫌也。）井别作桔槔、辘轳，柳罐，令受一石。"当时已能根据地形情况合理均匀地布置井眼，使出水量均匀，又不妨碍农田耕作，井的密度为三亩地一口井。提水工具有桔槔、辘轳，"井深用辘轳，井浅用桔槔"。汲水工具用柳罐。灌溉的方法采用畦灌，在畦的四周筑土埂，形成低洼，以便灌水。畦的规格较小，"畦长两步，广一步"。认为畦过大，水难灌均匀，人不好操作。对于其他蔬菜，"治畦下水，一同葵法"，也是采用井灌。可见北魏时在井群的布置、灌溉的方法等方面都比较成熟了。

《隋书·李德林传》载，开皇十年（公元590年）李德林任怀州刺史，"在州逢亢旱，课民掘井溉田"。唐代发明了用于水井的水车，能连续地汲取井水，出水量大为增加。

宋金元时井灌继续发展。北宋欧阳修仕青州（治今山东省青州市）知府，在《知青州谢上表》中说："全齐旧壤，负海奥区，民俗富完，而凿井耕田，各安其业。"说明宋代山东井灌有发展。金代为恢复农业生产，提倡各地凿井灌田。《金史·食货志》载："泰和八年（公元 1208 年）七月，诏诸路按察司规画水田，部官谓水田之利甚大，沿河通作渠，如平阳（治今山西临汾市）掘井种田俱可灌溉。比年邳、沂近河布种豆麦，无水则凿井灌之，计六百余顷，比之陆田所收数倍。"当时在邳（治今江苏睢宁西北古邳镇）、沂（治今山东临沂市）地区井有较大发展，引渠和凿井灌溉的豆麦地达 600 余顷。由于井灌获利大，金朝廷下诏，要求诸路按察司上报根据当地情况制订的开渠或掘井的规划，以批准兴工。元代至元七年（公元 1270 年）颁布的《农桑之制一十四条》规定，"田无水者凿井"。金元时政府都发布过掘井的诏令，地方上多少会有所执行，此时期北方井灌无疑有一定程度的发展。

明代以前井灌分布比较零星，而且规模不大。明清时期井灌大为发展，形成了大范围的井灌区，在当地的水利事业中拥有了重要的地位。明清时凿井多以民间自办、官督民办的方式进行，大致在明后期、清乾隆及光绪年间出现了凿井溉田的三个高潮期（图 2-6），井灌区主要分布在北方的晋、秦、冀、豫、鲁五省。第一部描写历史上北京地区风光的散文集，明代孙国敉（公元 1584—1651 年）所著的《燕都游览志》也记载了当时北京的桔槔井灌景象："三圣庵在得胜街左，巷后筑观稻亭，北为内官监地。南人于此艺水田，粳秔分膵，夏日桔槔声不减江南。"①

随着唐代之后北民大量南迁，井灌在南方也逐渐推广开来，诸暨赵家镇的桔槔井灌就是这一历史大潮中的一例。

---

① 《燕都游览志》转引自清《日下旧闻考》。

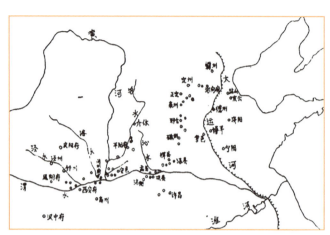

图 2-6　明清主要井灌区分布图 [1]

第二节　诸暨赵家镇桔槔井灌历史演变

诸暨赵家镇的桔槔井灌历史最早可追溯至南宋，清代有明确的桔槔井灌文献记载，此后不断发展，最多时有拗井八千多口。近几十年特别是改革开放之后，农田萎缩，桔槔井灌也大量废弃。

桔槔井灌工程的存在，主要还是为应对农业干旱缺水状况。枫桥江流域源短流急，每年 7—8 月，受副热带高压影响，晴热少雨，井枯河干，有时又久旱暴雨，旱涝交替；有时夏旱连秋，导致农作物颗粒无收。据史料记载，民国元年（公元 1912 年）至 1949 年的 38 年中，诸暨县共出现大旱 10 次，民国二十三年（公元 1934 年）特大旱灾，诸暨境内赤地百里，河干井枯，田裂禾死，灾民达 26 万人。干旱时，拥有拗井的地区则能保障基本的农业用水。1971 年 6 月 24 日至 9 月 18 日，连续干旱 87 天。6 月 23 日出梅后，晴热少雨，耗水量大。山畈丘陵溪断流，山塘干涸。檀溪公

---

① 张芳《中国古代的井灌》，中国农史，1989 年，第 3 卷。

社 1479 口水井，息人不息桶，日夜用桔槔拗水灌溉，大旱之年保丰收。

一、起源与发展

诸暨赵家桔槔井灌的历史最早可以追溯到南宋。诸暨赵家镇泉畈、赵家两村以何、赵两姓为主，据其家谱记载，皆是 12 世纪后移民至此，乡民逐渐发展农业，繁衍生息，逐渐形成村落，成为一方望族。元《兰台赵氏谱原》记："即迁山阴祖父之枢厝于此山，已后数世皆筑宅兆于此，遂名为赵家大墓山。自是渐建居室、拓田园，而人以耕稼为业。"[1] 早期关于赵家一带井灌工程的起源、发展文献已佚。后根据 17 世纪之后宗谱等文献的记载，当时泉畈、赵家一带桔槔井灌已非常普遍。据赵氏宗祠内刻于 1809 年的"兰台古社碑"记载，当时赵家一带"阡陌纵横，履畈皆黎，有井，岁大旱，里独丰谷，则水利之奇也"。清康熙（公元 1662—1722 年）时还在黄檀溪上建永康堰一座，增加盆地地下水入渗补给，在赵氏宗谱中载有道光二十年（公元 1840 年）所立的《永康堰禁议》一篇，称"天旱水枯，家家汲井以溉稻田。旱久则井亦枯，必俟堰水周流，井方有水。以地皆沙土，上下相通，理势固然"（见图 2-7）。可见当时赵家镇一带桔槔井灌设施十分普遍。本地人将其称作"拗井"。同时也说明古人对地下水循环已有科学认识，并利用这一原理通过科学规划工程设施人为增加地下水入渗补给。

而清代诸暨桔槔提水灌溉应用，不止赵家镇一带。《（光绪）诸暨县志》中记载了五泄溪流域的蓝田村桔槔提水灌溉："蓝田

---

[1] 摘自浙江省赵家村，赵氏家藏《兰台赵氏宗谱》。

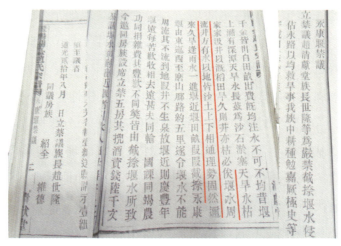

图2-7　泉畈、赵家等村农田现状及赵氏宗谱中
关于永康堰和汲水灌溉的记载（自摄）

一村，介五泄、冠山两溪之间。溪光掩映，宛在中央。水至此多伏流，每夏旱，田将龟坼，随地掘洼，即得泉源，桔槔引之不竭。若狂雨倾盆，上流之水横溢而来，至所掘洼处，灂灂而下，若有尾闾泄之者。故田皆膏沃，无虞旱潦。乡名灵泉，或者其以此欤。明《（万历）绍兴府志》载，有'稻种泉'，在县西二十五里，源出范蠡潭山，流溉民田甚广，他乡多求谷种于此。一名'灵泉溪'，想即此也。"而赵家镇黄檀溪冲积平原地理环境与蓝田类似，这也从侧面说明了桔槔灌溉水利工程的适用和存续条件是有限的。《（光绪）诸暨县志》还有对"王家堰头"一带使用桔槔灌溉的记载："每年夏秋旱干，湖民截江为堰，桔槔累级，引水过埂，以溉湖田，名曰打江车，故地亦以是名。"也有本地学者认为此"桔槔"并非桔槔，而是水车。以桔槔的适用性论，逐级提水也并无不可。美索不达米亚平原辛那赫里布在尼尼微的宫殿中就有对公元前7世纪亚述人用桔槔从河里逐级提水的描绘。但王家堰头的灌溉提水"引水过埂"，似水车更为方便，况又名"打江车"，故上述怀疑也有道理，但无从考证。

二、近现代演变

赵家镇的桔槔井灌设施原来很多，俗称"一丘田，一口井"，即每块农田有对应的一口井来提水灌溉。据记载在20世纪30年代以前赵家镇的拗井有8000多口。1985年统计还有3633口，灌溉面积6600亩（图2-8）。在近30年中国普遍的快速城镇化进程中，农田面积萎缩严重，许多灌溉古井被填埋，桔槔被拆除，井灌工程数量剧减。泉畈村是目前拗井灌溉工程体系保存最为集中的区域，遗产核心区还有古井118口，灌溉面积400亩，传统的

图 2-8　赵家镇桔槔提水灌溉[①]

①摘自《诸暨县水利志》。

桔槔提水灌溉仍在延续使用（图2-9）。

图2-9　泉畈村农民使用桔槔提水灌溉（自摄）

在赵家镇桔槔井灌的当代发展历程中，还发生过一起事故。1994年8月15日7时许，赵家镇山口村村民何和良在抗旱时下到井底搬石挖泥，以增加井水量，因严重缺氧而昏倒在井底。距井300米远正在另一口井架线安装水泵准备抽水灌田的27岁同村村民吴国琦，闻讯后迅速奔向出事地点，下到5米深的井底救人，因缺氧倒在井底。经抢救无效，不幸光荣牺牲。事后团省委、团市委分别追授吴国琦为"优秀共青团员"。同年12月，省人民政府批准吴国琦为革命烈士。

附：檀溪公社杂咏（诗一首）

檀溪三千井

史 莽

檀溪畈，一大片，三千来亩漏水田。

白天浇水夜不见，夏季一到冒青烟。

老天睁着"独只眼"，看你们求天不求天？

檀溪人，笑得甜，这点小事求什么天！

双手直把地底捅，大地深处挖泉眼。

一亩田地一口井，挖出水井满三千。

密密丛丛像蜂窝，好像繁星布满天。

夏日一片舀水声，声声赞扬社员勤。

秋来晚稻弯腰笑，笑他老天枉有眼。

（1963.10.28《浙江日报》）

第三节　诸暨桔槔井灌工程灌溉管理

与大部分公共灌溉工程不同，诸暨桔槔井灌工程由农民所有和管理，因此也表现出独具特色的遗产特性和文化价值。

诸暨桔槔井灌工程及设施由农民自行修建、维护和使用，也归农民所有。大多数井灌工程均归一户农民所有，也有少数井被两户以上农民共同所有和使用。

诸暨桔槔井灌遗产中，两口井位置非常邻近的情况也较为常见。这种情形下二井井壁间隔很近，渗流漏斗也大体重合，二井之间可以直接水量交换，被称作"串过井"（图2-10）。由于在其中一口井提水灌溉，会对另一口井的水位和水量有影响，因此在灌溉时，两家农户往往协商，一般是分别提水灌溉半日半夜，以保证井提水灌溉时水量充足，以提高灌溉效率。

由两户或以上农民所有的井需要灌溉多家农田，则几家协商轮流提水灌溉，每户若干小时，保证每户的农田都能有水灌溉，这种井称作"轮时井"。

图 2-10　串过井（自摄）

目前诸暨的桔槔井灌工程遗产中，井灌、桔槔等灌溉工程设施仍由农户所有和使用。近年来地方政府为保护文化遗产，对古井、桔槔的维修进行部分资金补贴。

第三章 诸暨桔槔井灌工程遗产体系及其价值

诸暨赵家镇井灌工程体系是指桔槔井灌工程群。井、桔槔、田间渠道及被包围的农田，共同构成一个独立而完善的井灌农业单元，这种田当地称作"汲水田"。遗产核心区泉畈村共有118个桔槔提水井灌单元，灌溉面积共400亩。井深2～5米，井口直径1～2米，上窄下宽，底径1.5～2.5米。井壁由卵石干砌而成，部分粉沙壤田里井底部用松木支撑。井壁外周用碎砂石做成反滤层。提水的桔槔由掬桩、掬杆、掬秤和配重石头构成，汲水的水桶专门特制，通过木轴与掬杆下端连在一起，称作掬桶。本地人将这种用桔槔提水灌溉的井称作"掬井"，"掬"字形象地体现了井灌提水的过程。提水时人站在井口竹梁（木板）上，向下拉动掬杆将掬桶浸入井水中，向上提水时借助掬秤的杠杆作用，比较省力。井口的出水方向放置草辫，保护掬桶不被磕坏。有的井旁还建有简易小屋，以供避雨、休憩和存放农具，称作"雨厂"。

第一节 诸暨桔槔井灌工程遗产构成

诸暨桔槔井灌工程遗产主要包括工程遗产和非工程遗产两部

分，工程遗产即桔槔提水灌溉工程体系，此外相关的碑刻、族谱等非工程遗存（相关文化遗产）也是灌溉工程遗产的组成部分。

一、诸暨桔槔井灌工程体系

诸暨井灌工程体系主要由两部分组成：拦河堰，用以增加地下水补给量；田间井灌工程体系，包括古井、桔槔、渠系、堰坝、雨厂和农田等。

（一）桔槔井灌单元

赵家、泉畈一带俗称"一丘田，一口井"。每丘田都有一套完善的井灌工程体系，由古井、桔槔提水机具、田间灌排渠道共同组成小而精的灌溉系统。这种田被称作"汲水田"。每丘田为1～3亩，也有田块经过整合，达十几亩甚至几十亩。井深2～5米，井口直径1～2米，上窄下宽，底径1.5～2.5米。井壁由卵石干砌而成，部分粉沙壤田里井底部用松木支撑。井壁外周用碎砂石做成反滤层（图3-1、3-2、3-3）。

图3-1　田间灌溉古井（一）（自摄）

图3-2　田间灌溉古井（二）（自摄）

图3-3　田间灌溉古井（三）（自摄）

　　提水的桔槔由捯桩、捯秤、捯杆和配重石头构成。桔槔是中国最为古老的提水机械，也是一个古老的名称。《说文》里称："桔，结也，所以固属；槔，皋也，所以利转……皋，缓也，一俯一仰，有数存焉，不可速也。"形象地描述了这一杠杆机械的核心组成及特点。《庄子》记桔槔"引之则俯，舍之则仰"。《农书》称：

"桔，其植者；而槔，其俯仰者。"据其描述，桔即今所谓"拗桩"，槔即今所谓"拗秤"。诸暨赵家的桔槔，拗桩一般高4米，多采用直径超过10厘米的松木制成（图3-4）；拗杆则多用细毛竹制成，一般长5米（图3-5）；拗秤一般长6.5米，多用粗细不等的大毛竹，粗端直径约20厘米，绑缚重石（图3-6），距离拗桩连接的横轴约2米，细端直径5厘米，连接拗杆。

图3-4　拗桩

图3-5　拗杆

图 3-6　拗秤

　　汲水的水桶特制，通过木轴与拗杆下端连在一起，称作拗桶（图 3-7）。本地人将这种用桔槔提水灌溉的井称作"拗井"。提水时人站在井口竹梁（木板）上，向下拉动拗杆将拗桶浸入井水中，向上提水时借助拗秤的杠杆作用，一桶水提起来省力不少（图 3-8、3-9）。"拗"字也形象地体现了井灌提水过程。

图 3-7　拗桶及其与拗杆的连接（自摄）

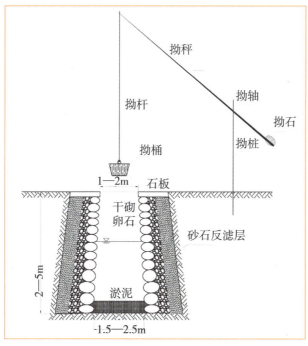

图 3-8　诸暨赵家镇古井桔槔结构示意图（自绘）

图 3-9　桔槔提水（自摄）

　　井口的出水方向放置草辫，保护挹桶不被磕坏。井旁一般栽植大树，有的还建有简易小屋，以供避雨、休憩和存放农具，称作"雨厂"（图 3-10）。井灌单元示意图如图 3-11、3-12。提出的井水则通过简易的渠道，浇灌到田块各处（图 3-13、3-14）。

图 3-10　雨厂（自摄）

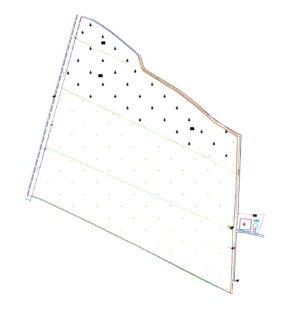

图例
- 井
- 田间土渠道
- 砼渠道
- 干砌卵石渠道
- ↓ 田
- 竹子
- 山地
- 电线杆

图 3-11 典型井灌单元示意图（4#井）①

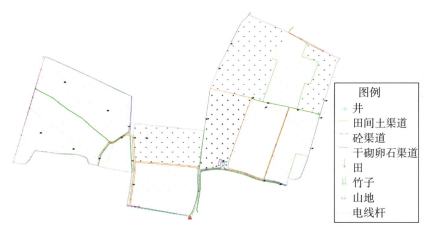

图例
- 井
- 田间土渠道
- 砼渠道
- 干砌卵石渠道
- ↓ 田
- 竹子
- 山地
- 电线杆

图 3-12 典型井灌单元示意图（23-1#井）②

①② 摘自《世界灌溉工程遗产申报书》。

图 3-13　田间渠道（自摄）

图 3-14　田间渠道（自摄）

（二）拦河增渗堰

诸暨赵家、泉畈一带为黄檀溪冲积小盆地，四面环山，盆地土壤以沙壤土为主，加之区域降雨丰富，潜层地下水量大、埋深浅、回补快，这为凿井提水灌溉提供了客观条件。由于黄檀溪是山溪型河流，丰枯水量变幅很大，不能提供稳定的灌溉水源，因此井灌就成为赵家、泉畈等村的主要灌溉方式。为了增加干旱时地下水回补量，17世纪时当地还在黄檀溪上建永康堰一座，人为增加地下水入渗补给（图3-15）。民国时期永康堰被洪水冲毁，1949年后在其上游又建堰一座，专为拦水增渗，增加掬井的可用水量（图3-16）。

图3-15　黄檀溪上的永康堰遗址（自摄）

图3-16　黄檀溪上的拦河补渗堰（自摄）

附：桔槔井灌遗产调查表

表 3-1   诸暨井灌工程遗产调查一览表

井号	所在村庄	户主姓名	田名/井名	灌溉面积/亩	主要作物	井尺寸/米			桔槔现状
						口径	底径	井深	
1	泉畈		墩头田	10	樱桃	1.7	2.2	4.4	在用
2	泉畈	何明其	下独亩	3	水稻	1.3	1.6	3.8	在用
3	泉畈	何士贤	下独亩小丘	0.8	水稻	1.4	2.2	4.4	在用
4	泉畈	何阿年	德奎小丘	1.5	樱桃	1.1	1.8	3.7	在用
5	泉畈		槐花树井	4.8	樱桃	1.3	2.0	4.7	在用
6-1	泉畈	何建沪	路南丘	2.0	樱桃	1.5	2.0	2.7	在用
6-2	泉畈		铳会田	1.7	樱桃	1.1	1.5	3.3	废弃
7	泉畈	何宪祥	员外三亩	3.5	水稻	1.4	1.8	3.7	在用
8	泉畈	何纪浩	纪浩丘	16	水稻	1.2	2.0	4.3	在用
9	泉畈	何礼灿	友文半亩	0.5	水稻	1.2	2.0	4.0	在用
10	泉畈	何士明	高搁丘	3.2	水稻	1.3	2.0	3.7	在用
11	泉畈	何尚贤	杨官丘	2.2	水稻	1.0	1.8	3.7	在用
12	泉畈	何金龙	南礼丘	1.5	樱桃	1.1	2.0	4.1	废弃
13	泉畈	何洛林	炳校丘	2.0	樱桃	1.4	2.0	3.5	废弃
14	泉畈	何洛林	良和丘	2.0	樱桃	1.2	1.8	3.8	废弃
15	泉畈	何立新	纪林丘	4.5	樱桃	1.3	2.0	4.0	废弃
16	泉畈		橡田井	3.2	樱桃	1.2	1.8	3.9	在用
17	泉畈	何林灿	林灿丘	5.5	水稻	1.4	1.8	3.7	在用
18	泉畈		白坟背后	2.2	樱桃	1.1	1.8	3.5	在用
19	泉畈	何张松	张松丘	6.8	樱桃	1.8	2.2	4.3	在用
20	泉畈	何文汉	大二亩	2.0	水稻	1.4	1.7	3.3	在用
21	泉畈	何永灿	雨厂面前	20.0	樱桃	1.3	2.0	4.3	在用
22	泉畈		漆树园	7.4	樱桃	1.3	2.0	4.0	在用
23-1	泉畈		团基三亩	13.84	水稻	1.6	2.2	4.5	在用
23-2	泉畈	何友谊	鲁生丘	2.0	樱桃	1.2	1.7	3.3	在用

井号	所在村庄	户主姓名	田名/井名	灌溉面积/亩	主要作物	井尺寸/米			桔槔现状
						口径	底径	井深	
24	泉畈		黄泥丘	20.0	樱桃	1.5	2.5	4.9	在用
25	泉畈	何桂尧	过水六分	0.6	水稻	1.2	1.8	4.0	在用
26	泉畈		判官丘	4.4	水稻	1.3	2.0	4.2	在用
27	泉畈		茶园井	3.0	樱桃	1.3	1.8	4.6	在用
28	泉畈		樱花井	3.0	樱花	1.3	2.0	4.6	在用
29	泉畈	何纪康	林校丘	0.6	水稻	1.1	1.7	3.9	在用
30	泉畈	阿毛	新田	5.0	水稻	1.3	1.8	4.4	废弃
31	泉畈	王法权	炳文丘	2.0	樱桃	1.1	1.7	3.8	废弃
32	泉畈		下墙下丘	3.4	水稻	1.3	1.9	3.3	废弃
33	泉畈		新田井	2.0	水稻	1.6	2.2	3.8	在用
34	泉畈		王井井	2.0	樱桃	1.2	1.8	3.7	废弃
35	泉畈		木杓井	2.0	樱桃	1.6	2.0	3.7	废弃
36	泉畈		阔井	1.2	水稻	1.3	1.8	3.7	废弃
37	泉畈		稻花田	1.6	水稻	1.3	1.9	3.7	废弃
38	泉畈		士治龙井	3.0	樱稻	1.2	1.8	4.0	在用
39	泉畈	何昌其	泉头佬丘	3.0	樱稻	1.4	2.5	4.8	在用
40	泉畈		朱家井	2.0	樱桃	1.7	2.5	4.0	废弃
41	泉畈		下朱家井	4.0	水稻	1.4	2.5	3.3	废弃
42	泉畈		上朱家井	2.0	樱桃	1.1	1.8	3.4	废弃
43	泉畈	何桂尧	供子田	2.0	樱桃	1.3	2.0	4.4	在用
44	泉畈	何桂齐	友德丘	3.0	水稻	1.4	2.1	4.5	在用
45	泉畈	何仲齐	里园里头	3.0	水稻	1.0	2.0	4.9	在用
46	泉畈	炳文	炳文丘	2.0	樱桃	1.1	2.0	3.6	在用
47–1	泉畈	何士忠	宝带会田	3.0	水稻	1.9	2.5	4.8	在用
47–2	泉畈	何全松	龙王会田	2.0	水稻	1.2	1.8	4.1	在用
48	泉畈	何贤齐	大花会田	3.0	水稻	1.3	1.8	4.1	在用
49	泉畈	何桂永	小丁丘	2.0	水稻	1.1	1.8	4.2	在用

井号	所在村庄	户主姓名	田名/井名	灌溉面积/亩	主要作物	井尺寸/米			桔槔现状
						口径	底径	井深	
50	泉畈	何昌其	四亩头八分	2.0	水稻	1.7	2.5	3.8	废弃
51	泉畈	何型林	冬青树蓬	2.0	樱桃	1.3	2.0	3.7	在用
52	泉畈		小高丘	4.0	水稻	1.3	1.8	3.7	在用
53	泉畈		上下李园	8.5	水稻	1.7	2.0	4.0	在用
54	泉畈		上观音井	16.0	水稻	1.5	2.0	4.0	在用
55	泉畈		下观音井	5.0	水稻	1.5	2.1	4.5	在用
56	泉畈		牛车井	3.0	水稻	1.2	2.0	4.6	在用
57	泉畈	王宝林	宝林丘	1.2	水稻	1.3	2.0	3.5	在用
58	泉畈	何新汉	火氅三亩	4.5	水稻	1.0	1.8	4.2	在用
59	泉畈		胜利三亩	7.8	水稻	1.1	2.0	4.0	在用
60	泉畈	何绍木	齐丘工	2.0	水稻	1.8	2.5	4.5	废弃
61	泉畈	何联明	方丘	3.0	水稻	0.9	2.0	4.0	在用
62	泉畈	何正礼	校章丘	3.0	水稻	1.0	1.8	3.0	废弃
63	泉畈	何章明	溪滩田	2.0	樱桃	1.4	2.0	3.4	废弃
64	泉畈	何红兴	六亩头	3.0	水稻	1.5	2.1	2.8	废弃
65	泉畈	季雅	茹林丘	3.0	水稻	1.6	2.0	2.1	废弃
66	泉畈	何天平	四承头	2.5	水稻	1.5	2.0	2.6	废弃
67	泉畈	何永水	埂下	3.0	水稻	1.2	2.0	3.8	废弃
68	泉畈	何绍根	大二亩	3.5	樱桃	1.5	2.2	3.8	废弃
69	泉畈	何建国	纪海丘	1.8	水稻	1.3	1.8	2.7	废弃
70	泉畈	何求根	坟后	5.0	水稻	1.6	2.1	3.2	废弃
71	泉畈	何士项	增礼六分	5.5	水稻	1.3	2.0	3.5	废弃
72	泉畈	严和泉	宋伟丘	3.8	水稻	1.1	1.8	3.3	废弃
73	泉畈	何成明	宋伟丘	4.0	水稻	1.5	2.5	4.0	废弃
74	泉畈	何月空	胡秀美丘	6.0	水稻	1.1	1.8	4.2	废弃
75	泉畈		沙园大丘	5.0	水稻	1.5	2.2	4.0	废弃
76	泉畈		地下水库井	60.0	水稻	3.1	4.0	3.7	废弃

井号	所在村庄	户主姓名	田名/井名	灌溉面积/亩	主要作物	井尺寸/米			桔槔现状
						口径	底径	井深	
77	泉畈		无田荒地	3.0	水稻	3.0	4.0	3.8	废弃
78	泉畈		油里会田	10.0	水稻	1.5	2.5	4.2	废弃
79	泉畈	何纪安	油里会田	2.0	樱桃	1.8	2.3	3.7	废弃
80	泉畈	何茂祥	秀丁丘	2.0	樱桃	1.2	1.8	3.6	废弃
81	泉畈	何培新	三亩头	3.0	樱桃	1.5	2.0	3.8	废弃
82	泉畈	何天德	七亩头	7.0	樱桃	1.4	2.2	4.0	废弃
83	泉畈	严建忠	新大田	5.0	樱桃	1.2	1.8	3.4	废弃
84	泉畈	严建标	新大田	3.0	樱桃	1.3	2.0	3.0	废弃
85	泉畈山口	骆阿洋	海祥丘	2.0	樱桃	1.2	1.8	3.2	废弃
86	泉畈山口	赵大虎	渠道八分	0.8	水稻	1.2	2.0	3.8	废弃
87	泉畈山口	赵大贤	小方丘	3.0	樱桃	1.0	1.5	3.7	废弃
88	泉畈山口	王忠法	齐郎丘	2.0	樱桃	2.0	3.0	4.0	废弃
89	泉畈山口	何金义	油菜田		樱桃	1.7	2.3	2.8	废弃
90	泉畈山口	何忠法	独苗	3.0	樱桃	1.6	2.5	3.6	废弃
91	泉畈山口		乌桕树	2.0	水稻	1.5	2.0	5.0	废弃
92	泉畈山口		大王二亩	1.0	樱桃	2.0	2.5	3.4	废弃
93	泉畈山口		樟田边井	4.0	樱桃	1.2	2.0	3.8	废弃
94	泉畈山口		樟田吃水井			0.6	1.8	5.2	废弃
95	泉畈山口	何雪刚	井头方丘	1.5	水稻	1.1	1.6	3.0	废弃
96	泉畈山口	何仲巨	榨树头	2.0	水稻	1.2	2.0	3.7	废弃
97	泉畈山口	王福明	上阔丘	2.0	水稻	1.3	1.8	4.3	废弃
98	泉畈山口	何金永	团丘	2.0	水稻	1.2	1.7	3.8	废弃
99	泉畈山口	王发生	樟树三亩	2.0	樱桃	1.2	2.0	4.5	废弃
100	泉畈山口	何学海	秋花三亩下	3.0	水稻	1.1	1.8	4.0	废弃
101	泉畈山口	何学海	秋花三亩	1.5	水稻	1.1	1.7	4.0	废弃
102	泉畈山口	何学海	下官田	2.0	樱桃	1.1	1.6	4.5	废弃
103	泉畈山口	何克马	前庙下五亩	2.0	水稻	1.6	2.5	3.5	废弃

续表

井号	所在村庄	户主姓名	田名/井名	灌溉面积/亩	主要作物	井尺寸/米			桔槔现状
						口径	底径	井深	
104	泉畈山口	何月义	竹园外	2.0	水稻	2.2	3.0	3.0	废弃
105	泉畈山口	何三德	上官田	2.0	水稻	1.3	2.0	4.0	废弃
106	泉畈山口	何新春	正友丘	3.0	水稻	1.5	2.1	3.5	废弃
107	泉畈山口		新路北	2.0	水稻	1.5	2.0	3.0	废弃
108	泉畈		七间头	饮水		1.5	2.0	3.8	无
109	泉畈		下新屋庙塘	饮水		0.9	1.5	4.8	无
110	泉畈		泉山下	饮水		1.2	2.0	4.2	无
111	泉畈		大灶墙	饮水		1.0	1.5	4.1	无
112	泉畈		大道地	饮水		1.0	1.8	4.5	无
113	泉畈		里外台门	饮水		0.7	1.5	4.5	无
114	泉畈		下家井头沿	饮水		0.9	1.5	3.6	无
115	泉畈		二门口	饮水		1.0	1.8	3.8	无

数据来源：申遗工作组调查。

二、相关文化遗产

图3-17　兰台古社碑（自摄）

其他相关遗产主要包括记载和证明赵家镇桔槔井灌历史的碑刻、族谱、祠堂等。

（一）碑刻

赵氏宗祠内的"兰台古社碑"刻于1809年（图3-17），碑文记载，当时赵家一带"阡陌纵横，履畈皆黎，有井，岁大旱，

里独丰谷，则水利之奇也"。证明当时赵家镇井灌工程分布已十分广泛。

（二）祠堂宗谱

桔槔井灌工程遗存核心区所在的泉畈、赵家两村，分别以何姓、赵姓为主，均为宋代移民在此立足发展。两个家族的祠堂（图3-18）是桔槔井灌支撑下宗族繁衍发展一千多年的历史见证，宗谱中有关于桔槔井灌的重要记载。

图3-18　赵氏宗祠（自摄）

附《枫桥江历史文化名人录》^①

王　冕

王冕（公元1287—1359年），字元章，号煮石山农、九里先生等。诸暨枫桥桥亭人。王冕为画、诗、金石一代宗师。著《梅谱》，入《永乐大典》；《南枝春早图》，入《国宝大观》；著《竹斋集》，入《四库全书》。擅长金石，开花乳石刻印之先河。

①梁焕木《征天水库乡贤亭碑记》，1996年。

杨维桢

杨维桢（公元 1296—1370 年），字廉夫，号铁崖。诸暨枫桥全堂人。杨维桢为元末明初文章巨擘、诗坛领袖、书法大家。人尊为一代诗宗。有《铁崖先生古乐府》二十六卷传世。存世墨迹有《真镜庵募缘疏》等卷。其狂放不羁之书风，独树一帜。

陈洪绶

陈洪绶（公元 1598—1652 年），字章侯，号老莲。诸暨枫桥陈家人。陈洪绶为明末清初画坛宗师。有传世著作《宝纶堂集》《避乱草》等；有书法刻本《陈老莲先生真迹》行世。

杨文修

杨文修（公元 1139—1237 年），字仲理，系杨维桢曾祖，宋代孝子。诸暨枫桥全堂人。幼年，母多病，常侍病榻。及长，弃功名潜心习医，为母治病，后成一代名医。著有《医衍》《医术地理拨沙图》传世。

骆象贤

骆象贤（明代学者），字则民，号溪园居士。诸暨枫桥人。正统年间饥馑，出稻谷千石以赈，深受地方称颂。著有《归全集》《溪园逸稿》《梅花百咏》等传世；编纂景泰《诸暨县志》。

骆问礼

骆问礼（公元 1527—1608 年），字子本，号缵亭，诸暨枫桥钟瑛村人。明代著名谏官。著有《续羊枣集》《万一楼集》《外集》传世；编纂隆庆《诸暨县志》。

何文庆

何文庆（公元 1812—1862 年），字周重，诸暨赵家泉畈人。诸暨莲蓬党农民起义领袖，太平天国后期重要将领之一。民谣云：

"诸暨何文庆，眼睛似铜铃。眉毛似杆秤，起腿八百斤。攻上摩天岭，从此天下立大名。"

陈遹声

陈遹声（公元1846—1920年），字毓骏，又字蓉曙，号骏公，又号畸园老人。诸暨枫桥陈家人。清代学者，光绪十二年（公元1886年）中进士，改翰林院庶吉士，授编修，署松江知府。光绪二十四年（公元1898年），主纂《国朝三修诸暨县志》；创办枫桥景紫书院。

陈季侃

陈季侃（公元1883—1952年），诸暨枫桥人。光绪二十八年（公元1902年）中举，旋任京师大学堂教习。辛亥革命后，任甘肃皋兰道员，后任甘肃省省长。抗战胜利后，任浙江省参议员。晚年热心地方公益事业，参与水利工作，整治枫桥江。

何燏时

何燏时（公元1878—1961年），字燮侯，教育家。诸暨赵家花明泉人。清代杭州求是书院第一届毕业生，后就读于东京帝国大学。辛亥革命后，任北京大学校长。1949年，参加第一次全国政治协商会议及开国大典。

杨开渠

杨开渠（公元1902—1962年），诸暨枫桥全堂人。水稻专家。日本东京帝国大学农业部毕业。回国后历任四川省农学院教授、院长。著有《中国稻作学》《中国水稻栽培学》《双季稻、粳稻、再生稻的性状研究》等。

毛汉礼

毛汉礼（公元1919—1988年）诸暨枫桥镇毛家园（今属赵家

镇）人。物理海洋学家。美国加利福尼亚大学毕业，获博士学位。回国后历任中国科学院海洋研究所副所长、中国科学院学部委员等职。著有《海洋科学的动向》《海洋水文物理学的研究》等。

冯绥安

冯绥安（公元 1922—1995 年），生于诸暨东和冯蔡（今东和乡），美籍华人。航天航空学家。毕业于"中央大学"，后赴美深造，获康奈尔大学博士学位。1965 年后参加"阿波罗"登月工程。冯绥安的航天、太空计划均被美国政府采纳。获美国福特总统基金奖。

张慕槎

张慕槎（公元 1906—1996），字紫峰，诸暨枫桥镇里（今属东和乡）嵊峋村人。精通书法、诗文。曾参加北伐战争、淞沪抗战。国共合作时期，任湖南省平江县县长、浙江省丽水县县长等职。著有《松韵阁诗稿》《松韵阁文稿》等。

金善宝

金善宝（公元 1895—1997 年），诸暨枫桥石峡口人。著名农业教育家、中国现代小麦科学主要奠基人。就读于美国康奈尔大学、明尼苏达大学作物育种专业。回国后历任南京农学院院长、中国农业科学院副院长、中国科学院生物学学部委员。著有《中国小麦栽培品种志》《中国农业百科全书·农作物卷》等。

第二节　诸暨桔槔井灌工程水利效益

诸暨桔槔井灌工程遗产千百年来为赵家、泉畈等村的农业发展、人口繁衍发挥了基础支撑作用。工程效益主要包括灌溉效益、生活供水效益以及生态环境效益。

一、灌溉农业效益

诸暨赵家镇一带的泉畈、赵家、花明泉等村的农田历史上全部都是井水提灌，面积数千亩。1985年调查统计，当时共3633口井，提水灌溉总面积6600亩。此后在城镇化进程中耕地面积大幅萎缩，古井大多被填埋、桔槔被拆除，灌溉效益骤减。泉畈村是目前井灌工程遗产保存最为集中的区域，核心区有古井118口，灌溉面积400亩。井灌保障了泉畈、赵家等村农业丰收和农村经济的发展。据赵家镇光绪年间（公元1875—1908年）的《宣德郎何君星斋墓志铭》中记载，当时家"有汲水田十余亩"，即能"勤俭颇可为家"，能够支撑"四年之间三经凶丧、两议婚娶"的情况，可见历史上灌溉效益对农民生活的巨大支撑（图3-19）。如今泉畈、赵家等村农田部分改种经济价值较高的樱桃，樱桃采摘已经成为当地农民经济收入的重要来源。

图3-19 何氏宗谱中关于汲水田的记载

在大旱时，桔槔井灌的抗旱减灾作用非常明显。在科技已经高度发达、供水手段与保障能力大幅提高的 20 世纪 90 年代，特大干旱发生其他供水工程严重失效时，这种传统手段依然能用来取水抗旱。

诸暨市 1994 年出梅以后，连续 57 天晴热无雨，加上 6 月份连续三次特大洪水，大量水利工程设施被毁，不能正常发挥效能，导致旱情加剧。6 月三次洪水后，6 月 24 日开始高温干旱，至 8 月 19 日持续干旱 57 天，降水量只有 27.6 毫米。8 月初虽有台风，但降雨甚微，降水量只有 10 至 25 毫米。干旱期气温高于 35℃的高温天气达 40 天，7 月 21 日最高气温 38.7℃。截至 8 月 15 日，全市 6 座大中型水库蓄水量 8071 万立方米，只占正常蓄水量的 63%；21 座小（一）型水库只剩蓄水量 846 万立方米，仅占正常蓄水量的 30.07%，其中白毛坞西岩、新丰等水库干涸；斯宅乡 107 个山塘水库干涸 106 个。斯宅、东和西岩、赵家、东一、青山、同山等山区镇乡 62 个村，10.17 万人、5.88 万头牲畜发生饮水困难。其中赵家镇的桃岭、姚坑村，斯宅乡的中山、外王山、官山村，西岩乡的钱家庄、察墅村等地，村中水井长期断水，村民吃水要到两三公里外去挑。全市小（二）型以下水库干涸 575 座，占总数 62%，山塘 90% 以上干涸，全市受旱面积 36.2 万亩，其中水田 19.35 万亩（晒白开裂 11 万亩，枯苗 4.7 万亩，晚稻无法下种 3.65 万亩），旱地 15.58 万亩（其中枯苗 9.22 万亩，经济作物 6.36 万亩）。部分毛竹、食用笋基地竹枝枯死，板栗等农产品受损严重，桑树脱叶，中晚秋蚕无法饲养，玉米、黄豆、花生等旱地作物基本绝收，全市因干旱直接经济损失达 6250 万元。[①]

　　旱情发生以后，市政府和市防汛指挥部连续 3 次下发抗旱紧急通知，抽调市级机关 230 名干部组成抗旱工作组，分头到联系乡镇帮助指导抗旱工作。市政府向干旱重灾区增拨抗旱资金 2.5 万元，抗旱柴油 270 吨，还调剂第四季度柴油指标提前用于抗旱。水利部门投入 25 套抗旱机具支援旱区，从水库调水 100 万立方米改善浦阳江水质；农业局调运 5 万公斤旱粮种子供应给山区、半山区抢种，并拨出机动柴油 100 吨支援抗旱；二轻总公司等单位拨款支援灾区；陈玉堂个人捐款 5000 元给重灾区；农机、供电、供销等部门纷纷抽出人力、物力支援灾区抗旱。[②]

　　全市各地坚持"先保人畜饮水，后保灌溉用水"的原则。陈蔡、安华两水库每天放水 45 万立方米，确保下游及城关居民生活、生产用水和灌溉需要。全市受旱期间新找水源 4700 多处，增加抗旱面积 7 万多亩，解决 3 万多村民用水问题。山区、半山区群众及时抢种秋玉米、荞麦、萝卜等秋旱季农作物，尽可能减少损失。旱情严重的赵家镇从 7 月下旬开始，镇干部不放假，每天有 126 台柴油机、268 台电动机、670 只吊桶投入抗旱；三都镇引打洞坞水库水到丰山片灌溉；王家井镇干部分片分村落实抗旱责任制；牌头镇抓紧抢修张家堰引水抗旱；江藻镇向市水电局借去 5 台水泵从浦阳江提水灌溉；应店街镇调集 81 台抽水机抽水保苗，并突击修筑大堰引水；草塔镇把溪水反抽到水库增强抗旱能力；街亭镇蔡家村主动让出抽水机给街亭村抽水翻种晚稻；东和乡 35 名干

①②《诸暨市水利志（1998—2003）》，方志出版社，2007 年，第 92—93 页。

部每天帮助 10 多个村挖井寻水，解决村民饮用水困难，还从 6.5 公里外的卫星水库引来水源，再提到 40 多米高的旱田下种晚稻；斯宅乡戈树湾村动用 20 多台水泵提水灌苗；廖宅村用 1000 多株毛竹从山湾引水灌田；浦阳江下游的几个镇日夜在浦阳江引潮灌溉。全市每天有 20 万人参加抗旱，共动用柴油机 2205 台，电动机 3580 台，水车吊桶 5217 部（只）。[①]

二、生活供水效益

赵家镇一带地下水丰富、水质好，泉畈、赵家等村生活用水也以井水为主，家家户户有井，用水时大多使用一端带钩的竹竿和水桶提水，以供饮用、洗涤、洒扫等。目前虽已通自来水，但村民仍习惯从井中提水作为生活用水。遗产区的泉畈、赵家古井为 7700 多人提供生活用水（图 3-20、3-21、3-22、3-23）。

图 3-20　泉畈村生活用水井（一）（自摄）

---

① 《诸暨市水利志（1988—2003）》，方志出版社，2007 年，第 93 页。

图 3-21　泉畈村生活用水井（二）（自摄）

图 3-22　泉畈村生活用水井（三）（自摄）

图 3-23　泉畈村生活用水井（四）（自摄）

三、生态环境效益

井水提灌有利于地下水循环，促进地表水与地下水交换，对区域生态环境有利（图 3-24）。

图 3-24　灌区农田生态环境（自摄）

第三节　诸暨桔槔井灌工程遗产特征价值

诸暨桔槔井灌工程历史悠久，采用最传统最古老的形式，大多数抐井保存和使用状况良好，使用的石材、竹竿等就地取材，搭建、维修和使用的成本较低。

诸暨井灌区由于山体常年侵蚀，以沙壤土为主，土质疏松且富含有机质，同时由于处于山脚，自然形成的浅层地下水蓄水层能够方便地区使用，且连通性较好，地下水补水迅速。诸暨井灌区的井水主要保障井灌区范围内居民的生活和农业生产用水，水质优良，可直接作为饮用水源。

诸暨井灌区以户为单位，能够充分发挥农户的自主性，以一口或多口井为供水水源，自行管理和把控灌溉用水时间，管理方式灵活。

桔槔提水井灌工程是最古老的地下水灌溉工程，历经千百年发展，至今仍在中国诸暨赵家镇灌溉农田，堪称中国古代灌溉工程的"活化石"。诸暨井灌工程遗产具有突出的历史文化价值、工程科技价值，也是公平用水、可持续灌溉的典范。[①]

一、历史价值

诸暨井灌工程遗产是中原人口南迁并繁衍生息的历史见证，是村庄、宗族发展的历史见证，是近几十年市场经济及基础建设快速发展背景下农田萎缩、农业产业蜕化的历史见证。

杠杆和轮具是人类文明最早的机械发明，而桔槔则是最为古老的提水机械，在古埃及、古巴比伦及古代中国都有普遍应用。中国在公元前 4 世纪的文献中对桔槔提水井灌的机械型式、使用方法、灌溉效率已有明确记载，此后两千余年间在中国传统农业社会中一直广泛应用。据考证，诸暨井灌工程遗产所在村落的历史最早可追溯至中国南宋时期，北方移民至此发展农业，繁衍人口，逐渐形成村落，但 17 世纪之前并无桔槔井灌的明确记载。在 17 世纪之后赵家镇的族谱、碑刻等文献中，才明确记载这一带普遍应用桔槔提取井水灌溉，并获得显著的灌溉效益。泉畈村井灌工程遗产仍保留了历史时期的型式、使用方法、管理方式，灌溉效益仍在延续，堪称这一古老灌溉工程的"活化石"。

---

① 李云鹏等，《浙江诸暨桔槔井灌工程遗产及其价值研究》，中国水利水电科学研究院学报，2016 年 14 期 6 卷，第 437—442 页。

二、科技价值

诸暨井灌工程遗产的科技价值，主要体现在古人对地下水循环机理的科学认知和工程设施规划、设计的科学性上。

诸暨赵家井灌工程的建设和长期使用，有其特殊的自然条件。以丘陵、盆地为特征的地形条件，山溪冲积形成的深厚的潜水含水层，以沙壤土为主的透水性、含水性强的水文地质条件，以及丰富的降水气候条件，为赵家镇一带提供了补给速度快、埋深浅的丰富的地下水资源。诸暨先民对地下水循环机制有科学认知，因此除充分利用自然条件凿井汲水灌溉之外，还能够在黄檀溪上建坝蓄水，人为增加地表径流向地下水的入渗补给。

诸暨桔槔井灌工程遗产充分利用区域自然条件，因地制宜，用最简易的工程设施获得了充分的灌溉效益，从而使移民在此能够定居并繁衍生息，逐渐形成村落。赵家镇的先民充分开发蕴含量丰富、稳定的地下水资源，通过合理的井群布置，使位于不同高程、属于不同农户的每一丘田都有井水能够灌溉，各田块均形成一个相对独立的灌溉单元，互相之间影响较小，加之归属及使用权责清晰，地下水分配相对公平，不易产生用水纠纷。每个田块均经过精心整理，井的位置最高，井水提出之后经过简易的田间渠道，可以自流输送到田块任何位置。田块之间、道路之侧设有排水渠，田间涝水也可顺利排到黄檀溪下游。科学的规划、精心的设计，是保障诸暨井灌工程群长期发挥灌溉效益的科技保障。

三、文化价值

桔槔在中国传统文化中有特殊含义，庄子用桔槔来隐喻做人的道理，称："独不见夫桔槔者乎？引之则俯，舍之则仰。彼人之所引，非引人者也。故俯仰而不得罪于人。"而子贡在汉阴遇到的农夫也认为桔槔这种省力的提水灌溉方式是机巧，认为使用桔槔是可耻的，因而宁可徒手抱瓮取水也羞于使用。这也是桔槔在中国古代特有的文化内涵。

赵家镇的农民对千百年来一直使用的桔槔井灌工程设施有种朴素的感情。"何赵泉畈人，硬头别项颈，一丘田，一口井，日日三百桶，夜夜归原洞。"这首当地民谣既反映了井灌特点，同时也体现了当地人的性格和文化特点。拗井灌溉也被写进了当地的戏剧，表达对这种古老遗产的珍视和对历史文化的传承。桔槔井灌工程遗产现在已经成为赵家镇的文化标签之一。

附：赵家古井诗三首（周长荣作）

其一：

樱堤芳草径，桑塍泉上畈。无波古井水，有节秋竹竿。

隆冬水带温，炎夏凉爽适。桔槔吱吱声，夜唱留北客。

其二：

五岫山下村落古，黄檀溪畔井灌群。日日拗起三百桶，夜夜漏空归原洞。

原汁原味原生态，古井古田古民风。春风秋水本无语，南来北往客自顾。

其三：

十里檀溪浅水边，村农日日有诗篇。游人慕名泉畈村，一路樱花映红天。

原汁原味原生态，古村古井古田畈。春风秋水本无语，南来北往客自前。

四、社会价值

　　诸暨桔槔井灌工程用原始、便利而科学的灌溉管理，实现了水资源的公平分配和灌溉的持续，保障了区域农业的长久发展。科学的管理制度体现在公平的资源分配、系统而明确的权责划分以及合理完善的协调机制上，诸暨井灌工程遗产恰恰体现了这样一种可持续灌溉的特定模式。地下水资源天然地随土地均匀分布，无须像地表水那样通过工程设施和管理制度分配水权；农民根据其占有的土地凿井灌溉，土地、井、桔槔提水设施均属其所有和使用，成为独立的系统，受益权和维护责任简单而明确；对"串过井"和"轮时井"，农户之间简单协调即可公平灌溉。最低的灌溉工程及管理成本，实现了充分的灌溉效益，这是诸暨桔槔井灌工程可持续灌溉的原因。

第四章　区域水利历史文化

诸暨治水历史悠久，文化内涵十分丰富。这些既反映了诸暨桔槔井灌世界灌溉工程遗产的历史文化环境，也为后续统筹保护利用区域文化资源提供了线索。

第一节　水利机构沿革

诸暨历代水利事务，自唐代始，皆由县令兼理。《旧唐书·职官志》载："县令之职，皆掌导扬风化，抚字黎氓。"清末民初，随着社会变革，水政机构发生了根本变化。改变了几千年来只有管水利的官员而无专门管水利的机构的格局。水政管理被独立出来，职权趋专门化。民国九年（公元1920年），地方绅士倡议，组织县水利委员会，筹划浦阳江疏浚，从此，全县水政管理机构逐渐形成一套专门系统。1946年，县水利委员会改组为县水利协会统管全县水利。新中国成立后，诸暨设三种机构：指挥机构、行政及业务机构、群众性机构。这是推进县级水利事业的组织保证。

元元贞元年（公元1295年），诸暨设州，水利事业由州同知兼管。明初，朱元璋下令各州县官吏，凡有关兴修水利之事都要立时呈告，并有"钦命"监修。万历三十年（公元1602年），知县刘光复以水利为重任，拟具《疏通水利条陈》，将全县水利工作划为三片，领导分工：县上一带委典史，县下东江委县丞，西江委主簿，规定任务为"农隙督筑，水至督救"，由印官春秋巡视其功次，分别申报上司，作为考核职官政绩的主要内容。清承明制，《中华水利史》云："凡水利，直省河、湖、淀、泊、川、泽、沟渠有益于民生者，以时修治，务令蓄泄随宜，旱潦有备，以府州县丞伴佐贰董其役。"境内水利事业，均由知县及辅佐官督促进行。

　　民国元年（公元1912年）县议会议决："知事或自治委员，每届农隙之际，会同本自治会乡董，巡阅上下东西堤，如有圮塌段落，当即查明，命饬该段圩长，限期修固。倘逾期不修，则科以罚金，仍令克日兴工。"1929年3月29日，由官民合组，成立疏浚浦阳江委员会。下设工程股、财务股，并配秘书、书记各1人。1931年9月至10月，浙江省建设厅按流域规划，分全省为五大区，组织水利议事会。诸暨属钱塘江流域，划入第二区，议事地点设在兰溪，因经费无着，次年即告结束。1934年政府统一水利行政，依照《统一水利行政及事业办法纲要》第三条之规定，县水利行政由县政府主管，受中央水利总机关之指挥监督。县政府设建设科，由建设科经管农田水利工程。1937年9月，筹组修筑浦阳江堤工程委员会。下设工务、总务两组，并由农业改进所调水利技工兼工务组主任1人、技术员2人、会计员1人。1939年9月1日，县政府主持在城内西子祠成立浙江省诸暨县水利委员会，内设工务、总务两组，各设组长1人，工务组长由主任工程师兼任，总务组长由专任常务委员兼任，另聘何文隆担任总务组主任；同时设立经济保管委员会，斯烈、钱之梦、楼学义、金纳如为委员。同年10月，成立浙江省整理浦阳江流域水利委员会。1946年以后地方水利会均改称水利协会，各水利协会都自行订有章程。1946年11月26日，在诸暨成立浦阳江参事会，参事员23人，蒋鼎文为主任参事员，斯烈为副主任参事员。祝更生、石有纪、朱中伦、金伯顺、陶春暄等5人为常务参事员。并设浦阳江水利工程处，专司浦阳江整治事宜①。

1949年5月，诸暨县人民政府成立。6月成立实业科，接收民国政府建设科、农业推广所、县水利协会、县联合社、城西信用合作社、乡村电话管理所等机构，掌管工业、交通、农业、水利、供销合作事业等方面工作，全科9人，其中分管农田水利干部2人。1950年1月，县府撤销实业科，改设建设科，主管农林、水利、交通工作，工作人员8人，其中水利及农业技术员2人。1953年5月，建立农林科，原属建设科水利行政部分划归农林科管理。1954年11月农林科改为农业科。1955年12月10日，县农林水利局成立，司农业、林业、水利三责。

1956年10月21日，农林水利局分设县水利局，下设秘书股、工程计划股、县水文站。1958年5月调整为秘书、工程管理、机械灌溉三股和县水文站。1965年11月，撤销农业、林业、水利三局，合并成立县农林水电局。1967年1月24日，"文化大革命"初，机构瘫痪，停止正常工作。

1979年4月25日，恢复县水利电力局。局下设办公室、勘测设计室、堤防管理所、机电管理站、水库水电管理所、人事秘书股和计划财务股。1987年12月12日，水库水电管理所分设为水库管理所与水电管理站。是年底，全局在编干部职工56人：正、

---

① 《诸暨县水利志》，西安地图出版社，1994年，第238页。

副局长 3 人，局巡视员 2 人，人事秘书股 5 人，计划财务股 3 人，勘测设计室 6 人，河道堤防管理所 9 人，机电排灌管理站 6 人，水库管理所 9 人，水电管理站 3 人，防汛防旱办公室 2 人，后勤及仓库 8 人。①

第二节　水利管理制度

为合理开发利用和保护水资源，建立水利法规，以巩固水利建设成果，防治水害，保证水利工程正常使用，充分发挥水资源的综合效益，适应国民经济发展和人民生活的需要。历代均有相应的禁条和乡规民约。新中国成立后，随着水利建设的迅速发展，水利管理任务日益繁重，各级水行政部门对水利工程的施工、运行管理和安全保护等，均做出了系统规定，以示遵循。

历代水利禁规，择要辑录于下。

一、（明）刘光复《申详立碑示禁永全水利申文》"二十一禁"

明万历三十一年（公元 1603 年）十月，知县刘光复制定的"永全水利之禁款"二十一条：

一不许蓄样巳斫过竹木蔽塞江路；

一不许置立私霤，如紧关当置者俱要坚筑，内外用石砌紧口，承担管守，不得误事；

一不许江滩挑埂围墙阻碍江流；

---

① 《诸暨县水利志》，西安地图出版社，1994 年，第 200 页。

一不许夹篱栽茨侵截埂顶通行路及东西沿江官路；

一不许埂中起瓦窑、造厕屋，致易冲塌；

一不许锄削埂脚致单薄误事；

一不许埂上栽种蔬豆、桑柏、果木，阴图据为己业；

一不许报升埂外隙地江滩潜行挑筑荫样；

一不许承佃已买过水田地及追还各义冢官地；

一不许造屋逼狭已开埂路、江路；

一不许汇湖通霅放水大湖；

一不许各河港及湖沥插箔截流捕鱼；

一不许砌筑鱼埠致激浪冲射圩埂；

一湖内沥基及埂外过水沟缺俱不许侵占；

一各湖霅闸不许乘水布袋装箔捕鱼，致灌没田苗；

一夏秋两季不许木客堆簰捆三江口及各河中，致壅水汛滥；

一不许侵占各湖蓄水官湖；

一不许侵占承佃淤濡旧河基；

一不许埂脚下开掘私塘；

一不许东西两江及概县山溪湖沥毒流药鱼；

一埂脚下不许牵戛脚网捻蚬。

二、民国元年（公元 1912 年）水利制度

民国元年（公元 1912 年）诸暨县议会议决录：

（一）凡充当圩长，必须勤谨干练，且富有田产，与本湖埂有直接关系者，方为合格。

（二）圩长一职，纯系义务性质，凡遇兴筑及修筑堤埂之年应

酌给相当之公费，以资津贴。其支给规则，另由该湖人民自行拟订，此外圩长田名目，一律革除。

（三）圩长于兴筑及修筑工程告竣后，应即清结账目，分别类次，刊成征信录，通告自治会及各业户。一面榜示通衢，或街市，俾众咸知。

（四）知事或自治委员，每届农隙之际，会同本区自治会乡董，巡阅上下东西堤埂。如有圮塌段落，当即查明，令饬该段圩长，限期修固。倘逾限不修，则科以罚金，仍令克日兴工。

（五）湖之面积，达千亩以上者，当组织救埂会，以资捍卫。平日备置防护器具，及研究防护方法，至江水泛涨时，一闻警报，即行奔赴救捣，毋得稍延。其组织大端如下：（甲）会内设总董一人，以综辖一切事宜；（乙）设干事十人，任会内应办事端；（丙）每干事募定救力夫十人（种有本湖田禾者最佳）受其指挥；（丁）救力夫，凡救之日，每人酌给工资；（戊）会内经费，由本区自治会设法筹集；（己）自治会须将组织救会情形，并缮就圩长清册，呈报县署存案。

三、民国十八年（公元 1929 年）《诸暨浦阳江清江条例》

民国十八年（公元 1929 年）五月二十七日诸暨县疏浚浦阳江委员会制定《诸暨浦阳江清江条例》规定：

第一条　本条例以宣畅水流预防侵占为目的，凡在诸暨县内浦阳江干支各流均适用之。

第二条　清江须先定江面阔度，由本会按照各该江流需要情形分段拟定，呈请县政府核准公布之。

第三条　凡在清江界线以内所有桑竹及一切木本植物或建筑篱栅私堤者，分别砍除拆毁。

第四条　位于切近江边堤埂外坡（即埂身斜度）所有木本植物其根脚高度在半坡以下者，即非清江界线以内亦应砍除拆毁。

第五条　清江界线之度量法依下列起点按规定阔度向对岸度量之：一节，江边若为官堤，自堤外坡脚起算。

二节，江边若为房屋或石砌，则自房屋或石砌之外边起算。

三节，江边若为土坎或土坡即成为两岸对岸均有滩地，应各自定起点分别丈量之。

四节，砌坡房屋或堤外田地之不相连续者或连续而不整齐者，先求一与水流平行之直线连续之作为起点。

第六条　清江丈量员须用与清江阔度等长之麻绳，以一端按于第五条所规定之起点，另一端画地作弧形，于弧形中求一离对岸最远之点钉立桩号，每隔五十公尺或更短之距离须另行选择起点，按照前办法钉立桩号，凡在此等桩号以外之障碍物均须毁除，又丈量员选择起点时以能排除较多之障碍物者为适用。

第七条　清江桩号钉后由本会呈请县政府公布期限，令种主自行砍伐，逾期不理者，请县派员会同本会雇工代砍，即以砍得竹木充作工资。

第八条　清出滩地已升课者只准种植五谷，未升课者及以后新涨者均由本会编查存案，永禁垦植，违者严惩。

第九条　清江之举办依事实之需要，得每隔一年或几年由负责地方水利机关按照本条例继续行之。

第十条　逐次清江时期由地方水利机关呈请县政府公布施行，至清江阔度亦得逐次增加之。

第十一条　本条例由本会呈请县政府核准公布施行，并呈请省政府备案。

四、1953 年县政府《关于切实保护各项水利设施，做好管理养护工作的布告》

诸暨县人民政府布告（53）诸府字 4960 号：

查本县境内各项水利设施，由于国民党的反动统治，长期失修，以致加重了旱、涝、洪等自然灾害，使广大人民生命财产失去保障。解放以来，经各级党政机关领导人民大力兴修，已获显著成效，大大减轻了水旱威胁。为了巩固治水成绩，发挥工程效益，战胜水旱灾害，确保人民生命财产的安全，争取农业生产丰收，各级人民政府应教育和发动群众，切实保护各项水利设施做好管理养护工作。在防汛防旱期间，更应加强巡逻护守，各公安机关及当地驻军，亦应协同配合，严防匪特乘隙破坏。为此，本府特规定以下禁止事项，希各地切实遵行。

一、不得在堤埂、水仓拆石、挖土、铲草皮或垦种作物。

二、禁止今后在堤顶堤坡建筑房屋、厕所，及掩埋尸体。

三、不准在堤塘坡脚以内栽树种竹。堤塘坡脚以外须视河道阔度，在不妨害流速的原则下，方得栽树种竹。

四、不得私自启闭涵闸、陡门及偷盗、破坏附属机件。

五、不得在河流中任意筑箔截坝捕鱼，或使用手榴弹等爆炸物捕鱼。

六、严禁任意拆坝放水或在河流、塘井中倾倒垃圾。

七、其他足以损坏水利设施之种种行为。

如有违反上列禁止事项而确实损害水利者，得按情节轻重，予以批评教育或依法惩处。

此　布

县长　张　焱

一九五三年九月二日

五、乡规民约

乡规民约，是乡、村地方根据当地水利管理需要，议定的公约、制度、条例、禁约等共同遵守的条款，历代都相传沿用。旧时不少利害关系较大或涉及面较广之乡规，或载于宗谱，或镌石立碑，使家喻户晓，永存备查。以白塔湖为例，明万历年间，有湖民自定的编夫受埂、设立圩长的管理制度。昔日是三十六亩夫田为一名，二百一十名为一总，立大小圩长分管埂务。全湖共五总，五总中有一总圩长，相当于现在的水利会主任，全湖有关水利决策，由五总大小圩长商议定案。培修采取"分埂受夫，照夫出费，夫随田转，埂以夫定，培埂时对埂取泥，不给其值。五总内备载埂尺夫甲之数，自某处至某处，某人修筑督理"。（《白塔湖世九堡实在总册》）这一编夫制度沿传三百余载，并逐步修正完善。新中国成立后，随着水利建设的发展与农业生产对水利的迫切要求，水利设施中的矛盾亦相应增加，为管好用好各项水利工程，各地根据受益范围因地制宜，制定切实可行的管理制度，以示遵循。下附几则新旧民约以资参考。

（一）民国十六年《白塔湖五总大小圩长决议》

民国十六年（公元 1927 年）五总大小圩长决议：

一、全湖救坝时，近坝之田亩，除已播谷子秧田外，其余无论高低田塍，救坝取泥，毋得阻挠，事后泥价，凭众公估，以昭平允。至于培埂取泥，照付值价买，不得居奇垄断，致碍公务。

二、禁埂上栽种蔬、豆、桑、柏、果木，阴图据为己业。

三、禁报坠埂外隙地粮额。

四、禁削铲埂脚泥土，并埂脚开掘私塘。

五、新塘埂自七里山麓起，被人盗掘，埂泥成缺，查无主名，嗣后无论豪贵，一经查出，全湖攻之。

六、江埂外面，旱埂两面，多已成潭，脚既松，冲决亦易，而自私之辈犹复用铁制利器，巧事掏挖堤，出险多由于此。兹议照各湖成规，凡距埂脚二丈以内者，无论私有公有，一概不准挖泥，故敢故为，一经查出，及报告属实者，公同议罚。

七、斗门向章一年一换，由圩长分年办理。现在斗门加多，无论将来办料诸多困难，而坚厚适用之松板，无故更换，既耗经费，又多纷扰，兹议自本年起，定为两年一换，照蓬挨次轮流，其旧料仍须留存两年，藉资补充。

八、编夫，编阖湖田亩之出入也，年远则紊乱愈甚，年近则查察较易，况夫随田转，埂以夫定，是夫与埂，有连带之关系，一而二，二而一者。兹定二十年一编，田亩厘正，则埂务清楚，慎勿河汉斯言。

（二）东白渠道管理养护公约

为了保证渠道工程的巩固和安全，延长工程寿命，发挥工程效能，战胜内涝灾害，确保农业生产丰收，特制定公约如下。

甲、工程方面

1. 渠道埂的埂面和埂的里外坡，不得开掘种植、铲草皮、建住宅、厕所牛栏、猪舍等。

2. 不得随便启闭涵闸或拆卸器件，挪用和损坏，遇有什物淤塞，立即清除。

3. 在渠道中，不得任意筑坝截流，阻碍排水。

4. 不得在埂上任意开缺以及其他足以有害工程安全的行为。

5. 随时注意渠道工程的安全，发现损坏迹象，立即报告管委会修理完善。

6. 严密防止破坏分子破坏。

乙、灌溉方面

1. 未经管委会同意，不得在渠上任意开缺挖洞，或埋装放水设备。

2. 沿渠涵管，严格执行用水计划，合理用水，平时专人负责检查，放水时专人看管，放过当即严密关闭，不使渠水浪费。

3. 非受益农田，不准偷放渠道蓄水。

4. 服从组织领导，小利服从大利。

丙、卫生方面

1. 渠道里，不得任意倾倒垃圾和死狗、猫、鼠、蛇等污物。

2. 渠道里，不得浴牛、放鹅鸭及洗涤患传染病的猪、牛、羊等肉类。

3. 沿渠各村住户的阴沟污水，尽量避免流入渠道，减少污染。

丁、附注

1. 凡对本公约认真遵守执行而有显著成绩者，应予表扬或奖励；如有违约或有损害行为者，应按情节轻重，报请上级处理。

2. 本公约经湖民代表大会研究通过，报区、县核备公布之。

东白渠道管理养护委员会

一九五五年

第三节　治水人物

水利事业是千百万人民的生产和科学实践。自古以来，人们为了求生存发展，抵御水旱灾害，进行各种治水活动，记述了历代不少治水人物的光辉业绩，至今仍为后人所敬仰。回顾历代治水活动，既有数十年如一日，为改变穷山恶水面貌，呕心沥血的志士；也有不避寒暑，默默无闻，背锄锹，放水、管水或徒步在堤防上，当好工农业生产的"卫士"；还有在抗洪抢险或水利建设工地上，发扬一不怕苦、二不怕死革命精神，献出自己宝贵生命的先辈。历史上，诸暨涌现了众多为水利事业做出突出贡献的仁人志士，此处根据《诸暨县水利志》的记载，择要整理如下。

一、古代治水人物

（一）刘光复

刘光复，字贞一，号见初，江南青阳（今安徽青阳县）人。明万历二十六年（公元 1598 年）冬在诸暨任知县，二十九年复任，三十三年第三次连任，先后历时九年。

刘光复对诸暨浦阳江水患的认识在《经野规略》中可见："上流澎湃而来者，不知几千百脉；中之容受处，仅一衣带，下之归泄处，若咽喉然，骤雨终朝，百里为壑，十年而得无灾害者，亦不二三，暨民盖无岁不愁潦矣。"

刘光复来诸暨的第二年适遇暴雨成灾，各湖遍没，目睹湖民"居无庐，野无餐，立之于沟壑四方，老幼悲号彻昼夜"的凄惨情况，深为触动。于是，有计划地开展了诸暨的水利工作。

首先，他亲勘七十二湖，对沿江的地势、水势、埂情、民情做了深入调查，因地制宜拟定了《疏通水利条陈》。提出了"怀、捍、摒"（"怀"者，藏蓄之意；"捍"者，巩固堤防；"摒"者，即疏其流、畅其泄）相结合的治理措施，并绘制了《浣水源流图》《丈埂救埂图式》，按照地形，顺其水势，该导的导，该防的防。诸暨县城以上的水，来自浣江和上东江，汇合在丫江口，一旦暴雨，这两路水绝非太平桥二十五丈阔的桥孔所能泄。因此，他禁筑大路埂，使上东江水仍走故道出永丰闸；禁筑百丈埂，以杀浣江上游之水；禁筑后村埂，以免下流之阻塞。采取小水不使入畈，大水任其过田的原则。这样，洪水暴涨之时，县城以上之水可从太平桥和永丰闸两处分泄，从而减轻太平桥下泄流量。他还根据不同地势，采取不同对策，有的筑堤成湖，以利耕种；有些低洼荡田，留资调节。高地畈田，撤除原有堤防，以杀水势。同时，浣江上游，留定荡二十里，上东江留徐家汇三四里以资容水，这样安排多种调洪办法，缓解了洪水威胁。

其次，采取疏通江道、畅泄洪流的措施，命令砍去沿江两岸阻水的桑柳竹木等一切障物，在江滩上钉界树石加以限止。他每年亲行巡视执法，勒令挖去沿江两岸的私埂以恢复原来的江路。规定：凡通潮之湖附近不得筑私筑，要摊平过水。对沿江滩地逐处丈量，填注土名，编号印册，有侵占的追究责任进行处理，并在紧要处竖立禁碑。同时，还禁止在江河上筑箔捕鱼，夏秋两季不准沿江堆置木捆竹，防止壅水泛滥。

为了加固江堤，组织湖民丈埂培修堤防，落实责任制，均编圩长、夫甲。万历三十一年（公元1603年），他统一制发了防护水牌，钉于各湖段，牌文规定湖民圩长在防洪时要备足抢险器材，遇有洪水，昼夜巡逻，如有怠惰而致冲塌者，要呈究坐罪。这样，各湖筑埂、抢险，都有专人负责和制度规定。他改变了原来按户负担的办法，实行按田授埂，使田多者不占便宜，业主与佃户均摊埂工。同时严禁锄削埂脚，不许在埂脚下开挖私塘，种植蔬菜、桑柏、果木等。除此之外，他还重视排涝抗旱，督令高畈田筑坝以引水灌溉，湖田建水闸泄涝引潮。他对县一级的官吏都明确分工负责，他说："窃欲尽将暨县湖田三分之，县上一带委典吏，县下东江委县丞，西江委主簿，立为永规，令各专其事，农隙督筑，水至督救，印官春秋时巡视其功次，分别申报上司。"在治水中，从实际出发。壬寅年（公元1602年）五月大水，高湖之清水潭埂筑成以后，高田者认为外水可御，欲息肩。但低田者因内水不出，仍遭淹没。他认为同工异患，停工不合理，接受低田者议，继续造闸，将原来两座闸加阔加高，闸成之后，此年又逢大水，低田遂免遭淹没，湖民拍手称快。

刘光复处事果断，公正不偏。朱公湖圩埂旧分上、中、下三浦，湖民中有识者，认为上、中两浦沿江筑埂，长而不固，如果稍向内移，连山补隙不过二百余丈，埂短而防救甚便，但下浦居民不同意内移，长久争论，定不下来。他亲自踏勘，外田仅九百亩，而内田超过万亩，且内埂依山为固，权衡轻重，决定筑内埂。此时，沿江湖民聚众闹事，他说："吾求利百姓，怀私埂令，法有常刑，毋自悔！"制止了闹事。

刘光复沉着而善谋。浦阳江下游有蒋村汇（今新江口），河道弯曲，不利于洪水宣泄。而该江地属山阴，他从县财政中拨款向该地买田十六亩作为江基，于九月十五日，召集三千余人，按人分段，开始突击，他亲临工地督修，仅三天竣工，使泄水畅达，直达钱塘江而入海。

刘光复从严治水，治之以法，制之以绳，表扬效力者，处罚失职者。《经野规略》载："己亥仲夏，余亲踏勘，独登舟穿湖，抵大蛟缺，令舟人度之，莫测其底，不胜愕然，曰此一方怠哉。拘旧圩长，督责勉励，明示功罪状，始大惧。"旧圩长伏罪，数日后，缺堵成，"又过几日，洪水突至，旁湖马塘埂倒缺，而白塔湖屹然无恙"。

刘光复治水，成绩显著，仓实人和。后人撰文说："池阳刘大夫，国器无双，治暨不三年，庭可张罗，卧犬生氄。"他还把《疏通水利条陈》（11 条）、《善后事宜》（34 款）、各《丈量分段管修清册》、各闸《示禁》及重要水利工程纪实等汇集编成《经野规略》一书，以供后人借鉴。刘光复离诸暨任河南道监察御史，后"触帝怒，逮下诏狱。暨民周国琳等疏救，寻狱释"。光宗登极，诏还起升光禄寺寺丞。卒，追赠太常寺卿。他对治理诸暨水患，做出了很大贡献，深受诸暨人民的爱戴和怀念。诸暨各地，曾建有六十三处刘公祠，以追思他的治绩。

（二）刘伯晓

刘伯晓，字晦之，山阳人（今江苏淮安），南宋嘉定六年（公元1213年）任诸暨县令。是年六月某日，整天雷雨，入夜，洪水交作，牲畜、田地、房屋漂没不知其数，刘掩泣奔救。朝廷派官调查，多数人不敢反映真实情况，独刘直言不讳，为民请命，求得免税一年，重者除去田籍。人们深为其精神所感动，立祠纪念，称颂其德。

（三）汪纲

汪纲，字仲举，安徽黟县人，南宋嘉定十四年（公元1221年）、宝庆元年（公元1225年）曾任绍兴郡守。其时诸暨沿江十六乡，濒湖荡蓄水灌溉之利甚博，但富家豪室，私植埂岸，围以成田，因而湖流受束，水无去路，雨多，即泛滥成灾，湖民深受其害。汪纲不徇私情请托，上疏朝廷，奏夺侵者，湖始复旧。其后，汪纲死于礼部侍郎任上，消息传来，人们无不悲痛流泪，竟有相率哭于寺观者。

（四）吴亨

吴亨，字通夫，山东郓城人，明永乐十一年（公元1413年）任诸暨知县。时湖堤荒废，连年水灾，吴奏请修堤防洪，由是堤埂坚固，洪水不得侵入，湖民深得其利。尔后，吴患白翳，目不能视而被免官，因贫不能归，落户安俗乡。吴死后就地安葬。人们为纪念其绩，造墓立碑，碑词："清廉县令吴公墓。"

（五）刘书田

刘书田，字芸斋，河南安阳人，清道光三十年（公元1850年）任诸暨知县。他到任这一年的夏秋，两度惨遭洪水冲击，七十二湖无埂不决，饥民嗷嗷，无法生活。刘为民请命，赈济灾民，加以抚恤；召集圩长，发动湖民，督促修埂。他本人轻舆简从，深入险工埂段，实地检查察勘，戴星出入不辞辛苦。由是漏洞、塌方、决口，都一一得到修复，全县湖堤一新。他以明刘光复作为楷模勉励自己，故当时诸暨人民称他为"小刘"（意为小刘光复）。

（六）徐职

徐职，字且卧，号陶叟，诸暨县安平乡碑亭村人，生于清道光十五年（公元 1835 年）八月，卒于光绪二十六年（公元 1900 年）九月，清代贡生。

徐职家居浦阳江畔，对水患感受极深，自言苦心孤诣，揣摩三十余年，认为湖民疾苦系晚清以来治水不得其道，水患频仍所致。厚积而发，乃于光绪二十四年（公元 1898 年）著《治水说》（载《诸暨民报五周年纪念册》）。其《说》首斥以往者不守刘光复"经野成规"，图小害大，筑私埂，营曲防，使江成一线，水失所容，造成洪患连年；继则阐明，治水应本清源广流，因势利导；并力主摊去开化江之大路埂、姜家塘，浣江上下之陶家和后村埂，使上东西两江于水盛时，都可仍归分洪故道。他的主张颇得当时知县沈宝青之嘉议，但终因改变埂道牵涉面广而未得实施。

据《暨阳徐氏宗谱·徐且卧传》写道："己亥（光绪二十五年）东蛟水骤发，堤防尽坏，卧于庚子（光绪二十六年）夏督修，早出暮归，烈日炎风，不辞劳瘁；且对江东、碑亭、陈村、娄家之护埂，无不捐金乐助。"

（七）沈宝青

沈宝青，字剑芙，江苏溧阳人，清光绪二十三年（公元 1897 年）十月，由归安知县调补诸暨。他以工代赈浚枫桥江，筑沿江石路，建东溪闸，修湖头畈埂，枫桥数年无水灾。光绪二十五年（公元 1899）三月，沈调任钱塘县，送者挤满街道。枫桥人在镇南立祠以示纪念。

（八）徐厥中

徐厥中，诸暨县安平乡碑亭村人，生于清乾隆五十一年（公元 1786 年），卒于咸丰六年（公元 1856 年），一生以护埂为重务。

时大水频仍，自嘉庆二十五年（公元 1820 年）至道光三十年（公元 1850 年），本县迭遭水患，堤多坏，独厥中所护之埂，历四十余年而一无损缺，或问何术所致？答曰："一不吝心，鸠工庀材，不惜小费，筑之必固；二不怠心，朝作夜思，不遗余力，修之必勤；三不畏心，履险若夷，奋不顾身，保之必力。只此靡他。"邻埂遇有修筑，众必推厥中主其事，从不浮派滥费，辛勤督理，不辞劳瘁，所以耗精费神，须发尽白。深得邑宰刘书田之嘉许，称其独能，呼为"白头翁"，并谕全县之护者，皆宜效法。

（九）徐如翰

徐如翰，字允受，生于清乾隆三十四年（公元 1769 年），卒于道光二十一年（公元 1841 年）。

清嘉庆五、六两年（公元 1800 年、公元 1801 年），诸暨连遭洪灾，水逾丘埠，无堤不决，房舍多坏，湖田尽淹，且多废不可耕。江东庙前埂（在今陶乐亭上）冲潴成潭，既深又广。

当时碑亭村徐如翰睹此情景，即输私资，独修此埂。乃亲驻缺口，购尽璜山、陈蔡运来售之柴薪，填作埂缺，复雇工运土其上，层层夯坚，历时二月始成，既免商旅迂道跋涉之苦，又安闾阎。其后该处改呼"庙潭埂"。于今水涨时，埂边尚有枯柴枝迹浮现。

1802 年，巡抚芸台阮元地亲勘，嘉其好义，奏叙"登仕郎"职衔，并旌"浣东义民"四字匾额于堂。

徐如翰后又在碑亭埂外建造护埂保村之大坝两座。

（十）金起昊

金起昊，字星桥，诸暨县杨梅桥乡金家站人，清太学生。道光己酉年（公元 1849 年）大水，白塔湖堤决，堤当何姓之所辖，阔数十丈，深不可测，何姓以工繁费巨径巡不筑，湖民由于频年受灾，饿脊者不可胜数，奔控上告，讼连年不解。金起昊慨然出曰："是余责也。"立出数千金，即日兴工，开山凿石，不辞劳瘁，虽晨风夕雨，金必亲往。不一年告竣，同事诸人欲按田亩科派，金认为不必，曰："是区区者，勿累他人，余独任之可也。"工成之日，邑侯刘芸斋置酒宴请，金推辞不赴，后给匾书"湖乡领袖"送其家，盖重之也。咸丰元年（公元1851年）岁大稔，民庆复生，深颂金公之德。"湖乡领袖"匾额原挂金家站宗祠左大门上首，1951年宗祠改建，匾被废。

（十一）詹启庚

詹启庚，字朗西，生于1879年，卒于1956年，诸暨县阮市镇（今店口镇）下檀村人。幼年就读私塾，辍学后，去绍兴米行当学徒。青年时，在杜黄山下私塾教书，后去绍兴同仁小学任教。尔后，他弃教从政，经友人介绍，曾去广东省警察厅当文书，并一度在该省任知事。回乡后，经浙江省公路局局长魏思诚介绍去该局任职。不久，他又弃职经商远去吉林省海龙县山城镇开设南方酱园。民国二十年（公元1931年），退居家乡后，一度经办地方田赋管理工作，时因东泌湖常遭水患，湖民生活困苦，他竭力建议兴筑全湖大埂，联名呈请县府转电省赈务会拨发赈款。经县第五届行政会议议决："由县府向银行息借，暨随粮带征埂费，悉由该湖按田亩摊派归垫分期筑成。"从而大埂工程正式招标，当时由湖北省包商承揽施工。大埂设计上起鳌山，下至塞江口，全长4800米，顶高程9米，面宽3米，计划土方9.36万立方米，在出口处新建东江排水闸一座，采用木制自关门。工程于1935年动工，1937年竣工。总耗资 20 万元。大埝建成后,原分散的 21 个小湖合并成 1.2 万亩的大湖。1948 年詹启庚被推选为东泌湖首任水利会主任。为了管好大埝,全湖分为"仁、义、礼、智、信"五蓬,每蓬设长 10 人,分段维修管理。从此,东泌湖的洪水威胁得到缓解,湖民传念至今。

二、近现代治水人物

(一)何文隆

何文隆,字明进,诸暨阮市镇(今店口镇)何家山头人。1899 年出生于农民家庭。1929 年 9 月加入中国共产党,1930 年任乡农民协会会长,参加与组织农民暴动。后被捕,在狱中坚贞不屈。后抗日战争爆发,监狱解散而获释。1938 年据党的决定出任乡长。1942 年 5 月诸暨沦陷,他首建泌湖乡抗日自卫队,后扩大为"八乡"联防自卫队。1944 年 5 月成立金萧支队诸暨办事处和"民兵司令部",他任民兵副司令。1945 年 9 月,抗日战争胜利,他随军北撤。

1949 年 7 月,何文隆随军南下,为中共浙江省第三、四次党代会代表,第一、二、三届省人大代表,历任诸暨县委委员,民运部长,兼县府水利办事处主任。12 月,任副县长。其间,他与水利技术人员魏伯琴、汤梦铨等调查研究,制定了《关于整治浦阳江流域水患计划纲要》,认识到要治理浦阳江,上游应以蓄水为主,中游以整治为主,下游以泄洪为主。这是新中国成立初诸暨第一部治水方略,它为后来制定治水方针确立了思想基础。1950 年 6 月 24 日洪水,城关北庄畈决堤,浙赣铁路被毁,停车 7 天,震动国内外,引起了各级党政领导的重视。当时,县委针对诸暨严重而频繁的洪涝灾害，把治水的重任交由何文隆具体分管。他临难受命，既当指挥员，又当战斗员，在长期治水抗灾的战斗中，肩负全县水利指挥部指挥重任。他会同省、地、县水利技术人员深入勘察浦阳江的地形水系，科学地确定"上蓄、中分、下泄"的治理方针，为诸暨的水利事业做出了不可磨灭的贡献。这里记述他几则平凡的工作片段。1956 年，何文隆任县长，是年"8·1"强台风登陆前夕，县干部全都投入到防洪抗台的斗争中。兼任县防洪指挥部指挥的何文隆，一把躺椅，一条毯子，彻夜不眠地守在电话机旁。人们不断地向他报告浦阳江上下游各地的雨量、水位和气象变化。他仔细地预算浦阳江的流量最大可能到多少，一百多公里长的干堤会不会出问题。他推断着哪些地方可能会出现险情，哪些沿铁路的重要堤段必须万无一失，哪些湖必要时得主动破堤分洪。黎明，他下达了防洪抢险的紧急命令。他布置任务，从来不会是几句原则性的空话。他会告诉你哪段险埂毛病可能出在什么地方，出了毛病该怎样抢救，该怎样打桩踏碓槌，甚至数得出哪一带有哪几个破坏分子可能在出险的时候进行破坏。

在紧急防台抗洪的战斗中，何文隆足足两天两夜没有合眼。台风过境后，他又忙着帮助农民采集秧苗，亲临田间指导补种，这样坚持了一个星期，他终于虚弱地昏倒了。到 10 月，他的身体还没有恢复健康，又撑着去全县水利代表会上做报告，在讲台上又晕了过去，被送进了医院。可是，在医院里躺了两天以后，他又坐在办公室工作了。

他为什么这样忘我地工作呢？有一次，他对人们说起，年轻的时候，因为抗旱，连续车水 48 天，一直车得脚底红肿，人们才把他从水车上扶下来。他切身体会到"谁知盘中餐，粒粒皆辛苦"的意义，体会到抵御水旱灾害的重要性，因此，每当气候变化的时候，他就会睡不着。1954年防洪，高湖4次分洪，下游湄池告急，当时的紧急措施是黄潭湖临时分洪，但受到坏人破坏，他急忙赶到湄池处理，又险遭坏人暗害。这一连串问题，累他连续七天七夜没有睡觉。

同年冬，东白排涝渠道开工了，何文隆担任工地指挥。他一到工地就有农民拉住他说："政府这样开渠道，我们要没饭吃了。"这话说得好奇怪，开渠道明明是为了粮食增产，为什么说会使他们没饭吃呢？但何文隆还是耐心地听他们的意见。原来工程师制定的渠道线损田太多，引起农民不满。他就召集了11个村的老农代表来开会，反复讨论如何合理地确定渠线。他又带着工程技术人员和11个村的老农代表一同实地勘察，走一段，议一段，最后选定的渠线，比原来设计要少损田500亩，少挖土方5万立方米，还保存了一个原来打算迁移的村子。

何文隆自从分管水利工作以来，他利用每一个机会向工程技术人员讨教，向老农学习。他保存着明代万历年间的诸暨知县刘光复所著的《经野规略》一书，且十分热忱地学习。1963年长期阴雨，江水下泄缓慢。他为了摸清原因，带领技术人员坐船去考察浦阳江的河床，从上游东江到下游闻家堰逐段用绳子系着秤轮测量河床的深浅，结果发现淤积的和冲深的河段比较，竟差了9米左右。原因找到了，他及时向省水电厅汇报。何文隆丰富的水利知识和经验，也备受省水电厅的技术人员的称赞和尊重。浙江省委农工部长吴植橡在全省水利工作会议上表扬了何文隆，他说：

"兴修水利是一个群众性的运动，不走群众路线是搞不好的，分管水利的同志和水利干部，要有高度的责任感和事业心，钻进去，做一个领导群众的水利专家。诸暨县何县长，就是这样的水利专家，我建议全体同志向何文隆同志学习。"何文隆工作艰苦踏实，且平易近人。1952 年开江西湖湾时，他任工程指挥，与民工同生活，同劳动，鼓舞民工克服困难。当施工力量不足，他就和省水利局沈保经工程师商量，提出还是依靠自己，从民工中选拔有文化的青年，进行短期的技术培训，请工程师任教，每期 25 人，一期 15 天，连续两期，培养了 50 名农民技术员，边学习，边实践，较好地解决了工地上出现的一般技术质量问题。他就是这样孜孜不倦地研究解决施工中一个接一个的难题。

1954 年，他在东白渠道工地上，傍晚接到通知要他回县开会，但等他把事情办完，枫桥已经没有汽车了。他对青年干部说："今天得试试腿。"说着他就起步走了，一个晚上赶了 70 来里夜路，到县里正好赶上开会。一起回来的青年干部病了一场，而何文隆却在第二天又赶回工地去了。1960 年 3 月春雨连绵，石壁水库正在紧张堵口，库水位不断上涨，情况危急。这时，他刚从西安开会回来，听到这个消息，就顾不得休息，急忙赶到水库，与县委书记孙子甫一起，组织 7000 多名民工，日夜突击，终于转危为安。

何文隆在生活上，始终保持着俭朴的作风，数十年如一日。他在长期治水工作中，经常头戴笠帽，脚穿草鞋，一把布伞，踏遍全县山山水水。他的家同普通农民家一样，家具都是他老伴从农村搬来的，没有新办的东西。他廉洁奉公，两袖清风，密切联系群众，全县男女老少，几乎没有不熟悉他们县长何文隆的。他每次下乡不管到哪里，总要打电话问当地的气象情况，研究气象变化的规律。从乡下回来，口袋里常常带着各种发病的农作物，向农业技术人员诚恳地讨教。他不仅能够和当地的老农们谈得十分投机，也经常和农业、水利技术人员商讨各种技术问题。

何文隆治水的业绩，在诸暨人民中传颂，并登载在《浙江日报》《人民日报》、苏联《星火》杂志等国内外报刊上，人们称颂他是"治水龙王"。当年的县委书记孙子甫说："在治水事业上，何文隆同志作为当时决策者、执行者的代表之一，是当之无愧的。他的治水功绩，将永垂千古！"诸暨人民将永远怀念这位人民的好县长。

（二）何佐根

何佐根，诸暨赵家镇泉畈村人，1899 年出身于贫农家庭。1957 年担任东塘水库管理员，1959 年被评为县水利模范，1976 年参加中国共产党。当地人们都叫他"佐根爷爷"。

佐根爷爷人老思想新，做得勤，看得远。他以库为家整整 26 个年头。1957 年开始管东塘水库，后来大队又造了大伏虎、小伏虎两座水库，他就联管 3 座水库。当时他已 60 多岁，工作极度负责，无论刮风下雨，白天黑夜，总是头戴笠帽，身披蓑衣，在水库坝上来回巡查。当库水上涨，威胁到水库安全时，就赶往溢洪道，打开溢洪闸，把丁家山脚和石竹湾来的两股山水泄出，减轻水库压力。遇到天旱，他及早到 4 里路外把皂溪水引进水库里，以保证灌溉水量。夏天，社员上山干活，经过水库，他总是烧好一钵头茶放着，让社员解渴。在冬修水库时，社员收工以后，他总要在工地上转几圈，看看社员有没有工具丢落。

水库建成以后，佐根爷爷就在库内养鱼，水库当年放养，当年收益，是全县开展综合经营起步较早的水库。1961年，他提着冷饭包，跑到视北公社红旗大队果木场买了800株水蜜桃和500株红心李，种在水库周围，水库收入逐年增加。他把积累的钱全部用于水库维修，从不乱花一分钱。在他管理水库的那些年里，仅报销了一张修理闹钟的1.5元发票。

同年7月，洪水过后，队里一些青年身背鱼篓，想去捉水库里逃出来的鱼。当他们赶到溢洪道，眼看佐根爷爷正在溢洪道下的水潭里边捉鱼边往水库里放。几个青年就问他："你是不吃鱼吗？自己不吃，拿去卖了也值钱。"他"嗯"了一声说："哪个不晓得鱼好吃，好卖钞票？这里的鱼是水库逃出来的，都是队里的、集体的，要靠大家来管，哪个也不好动！"青年们被他老人家热爱集体的行动所感动，都解下鱼篓，和他一起把逃出去的鱼捉到水库里。"敲钟报时"是佐根爷爷为灌区群众做的一件深得人心的大好事。水库上的大铁钟，是建库时为了统一作息时间而安装的。当时，社员们反映："种田人不是家家有时钟，碰到阴雨天，就不晓得啥时候收工。收工早了，要耽误干活；收工迟了，回去要吃冷饭，最好有专人统一敲钟，干活就有数了。"他听了之后说："只要大家方便，对生产有好处，我辛苦一点也要天天按时敲。"从此，他就把一天敲三次钟作为自己的分内事。檀溪、东溪两个公社所属大队，早中晚三次都可以听到来自水库的钟声。第一次钟响，是催大家起床；第二次钟响，是息工回家吃午饭；第三次是傍晚收工。无论雨雪和过年过节，他都按时敲，甚至生病不能起床也叫老伴上山代敲，一直坚持15年，从未间断。

佐根爷爷出身很苦，父亲是靠挑脚担过日子的，干了一辈子，临死留给他的唯一家产，只有一根扁担和一个铁镶头的短柱。他继承了这份"家业"，不是帮人挑脚担，就是给人打短工。到50岁那年仍然是个老样子。如今，他为集体管水库，创大业，社员们都说他思想好，贡献大。而他却说："一个人有多少本事？如果没有集体力量，天上哪会掉下这样大的水库来，山坞里哪有地方好养鱼？有共产党的领导，有集体的力量，以后我们还要办更大的事情哩！"他就是把水库看得比自己的家更重要。一次，他把老伴带到水库大坝上，语重心长地指着三个水库和大片田庄对她说："你看，三个水库下面，都是田地村庄。山上没有一个人住着，放心得了吗？这里有句老话：'何赵泉畈人，硬头别项颈，一丘田，一眼井，日日三百桶，夜夜归原洞。'现在有了三个水库，1700多亩田可以自流灌溉，库水还好发电、加工、养鱼。去年一个水库就捉了2000多斤鱼，大的一条有几十斤哩。这都是集体力量办起来的社会主义大家业，哪能没有一个管库人？"

何佐根献身集体的事迹，受到当地群众的传颂，曾刊登在《浙江日报》《诸暨报》上，是全县人民公认的水库好管家。1981年3月24日，他因病医治无效去世，终年82岁。

（三）张寄庵

张寄庵（公元1890—1938年），原名金鉴，又名济安、有亦，诸暨县城山乡石桥头张家（今望泄村）人。1910年毕业于浙江法政学堂，以律师为业。他一生致力于社会建设事业，直至倾家荡产，贫病而死，是有名的乡贤。

张寄庵曾提倡兴建义仓、义诊施药，创办缫丝、织袜等手工业工厂，但仍解决不了农民生活问题。他感到农业是百姓生计的命脉，改善水利是发展农业之根本。于是在 1923 年发动农民修水利，抗旱防洪，兴筑道路，改善交通，以发展农业。

五泄江经常泛滥成灾，农民生活艰难。为治理五泄江，他遍访各地，听取农民意见，制定治理方案：在水磨头疏通溪床，清除荒滩淤沙；加固原有堤防，激流处打桩加固，培宽筑高堤面形成大路，通行车辆；在三都溪出口处建新桥闸。同时，截直龙潭湾和旋子湖两个弧形大弯，开挖新江，重筑大堤，使水畅其流。

经他奔走呼吁，多方支持，工程于 1924 年开始动工。第一期，兴建宅山节制闸。从严州府（今建德市）采购坚石砌筑，历时三年，到 1927 年完竣，名新桥闸，使 30 个村落，8000 亩土地减轻洪涝威胁。第二期，改造溪西大堤。1926 年秋动工，组织 6000 人，开挖长 1000 米宽 20 米、深 3 米的新江一条，完成土方 6 万立方米。新筑成长 1200 米，高 7 米，面宽 4 米的春桃大埝，完成土方 7.14 万立方米，结合造田 250 亩。

1929 年春，为加固危埝，改造浪埝到宅山长约 7.2 公里堤防，将原堤加高 1.3 ~ 2.5 米，堤面加宽到 4 米，合计完成土方 9.98 万立方米。

张寄庵双足残疾，行走不便，但始终为社会，为民众而奔波。在兴修水利和道路建设中，为解决工程经费，他先后卖出农田 120 亩，屋两幢，家道中落。同年冬，他因受国民党反动派迫害，避居杭州，因病去世，弥留之际对旋子湖工程仍念念不忘，遗嘱外甥郦咸明继续完成之。至 1930 年秋，郦咸明动员各村群众协办竣工。

由于张寄庵急公好义，为地方做了许多好事。1938 年 4 月，当他年仅 48 岁去世时，五泄地区人民为他举行了隆重公祭。县长亲临致哀，灵柩葬于他生前做过贡献的草塔智胜学堂校园内。

（四）周赓土

周赓土，诸暨县连湖乡周家埠人，生于1896年。民国二十一年（公元1932年）任大连乡（今姚江镇）乡长，兼连七湖水利会主任。

1942年4月24日大水，连七湖周家埠村寿家自然村、下埂头突然出现洪洞，群众奋力抢堵，而洪洞仍不断扩大，埂顶严重塌陷，随时有决堤危险。当时，在领导抢险的周赓土，奋不顾身下水用木板堵塞洪洞，不幸被急流冲走，终年47岁。

抗日战争胜利后，湖民为悼念周赓土，1948年全湖每亩捐谷15斤，于梁店沙塔墩头为他举行公葬。浙江省政府主席黄绍竑曾亲为墓碑题词："为湖捐躯。"

（五）魏伯琴

魏伯琴，字临山，诸暨县泌湖乡樊家岭村人，1901年10月22日出生。新中国成立前，他曾兼任西泌湖水利会主任。热爱水利事业，处事严谨。1941年他发起兴建杜木头横埋活动，遏止了上游洪水，增强了西泌湖抗灾能力。新中国成立之初，他任诸暨县水利办事处副主任，并参与制定《关于整治浦阳江流域水患计划纲要》。他对水利工程一丝不苟，认真负责。1949年，全县第一座小型水库"李村水仓"动工，他长驻工地负责指挥施工。当回填黄泥心墙时，他双眼盯着挑来的黄泥，严格检查有无杂草树根；填土时，规定厚度不得超过标准；夯土要按规定一环扣一环，不得偷工减料。由于他重视质量，当水库完工蓄水后，检查大坝滴水不渗。1977年1月17日，他因患重病医治无效，不幸逝世，享年 76 岁。到如今，李村水库受益群众还在怀念他。

（六）赵剑鸣

赵剑鸣，诸暨县直埠乡上赵村人，1903 年 3 月出生。1951 年 7 月参加诸暨县水利工作，曾任县政协委员，助理工程师。1965 年 8 月，因病退职。

赵剑鸣在职期间，可称为全县唯一的水利技术员，故广大群众都称他"赵工程师"。20 世纪 50 年代至 60 年代初，他主持全县水利技术工作，许多工程均以他为首进行勘察、设计，甚至施工。其间，他虽有高度近视，但仍热心培养农民技术员并到施工现场进行传教。他勤于工作，俭于生活。一次冬夜，他搞堰坝设计到深夜 12 点多，因下班回家时忘了关电灯，故总是睡不着觉。突然，他匆忙披衣起床，老伴问他干什么？他说："不行，我忘了办公室里 60 瓦电灯泡还亮着，浪费电，我有责任跑去关啊！"直到关掉回来才安睡。他对事业，奉公守法，从不计较个人得失。1989 年 1 月 13 日，他因心肺衰竭，经上海医院治疗无效，不幸逝世，终年 85 岁。

（七）周炳法

周炳法，诸暨县红门乡新亭埠村人，1918 年出生。1952 年 6 月一天下午，浦阳江洪水泛滥，地处铁路外围的黄官人湖突然发现洪洞，湖民奋力抢救，情况危急，群众敲锣呼救。当时，正挑石灰回家的周炳法听到呼救声，急忙赶去坝上，立即潜水探洞，未几，他浮上水面说："洪洞已找到，但两个手指被水蛇咬破了。"众人一面劝他去治蛇伤，一面按周炳法所讲位置，打木桩，踏碓槌，抢堵洪洞。而周炳法眼看危及铁路安全，又奋不顾身，爬上"虾须"

去奋力打桩。然洪洞虽被堵住了，而周炳法的两个手指因贻误治疗时间，等到蛇药送来为时已晚。当夜 10 时因毒性迸发，不幸死于埂上，时年 34 岁。他这种舍己为公的壮举，让黄官人湖的广大群众深感悲痛。迄今湖民还在追念他。

（八）边成明

边成明，诸暨同山乡鸿村人，1925 年出生。原任同山乡副乡长兼乡水利委员会主任。1954 年冬，他根据同山乡易旱的特点和群众的迫切要求，认真刻苦实践"蓄水为主，小型为主，群众自办为主"的水利方针，带领合作社干部，跑遍全乡山岙，寻找建库地址，后终于找到万寿坞作为建库的基点。但当时遇到的难题是资金无着，群众中出现富看穷，相互观望的情况。他就召开座谈会商量办法，根据合理负担的政策，他发动忆苦思甜、算账对比的艰苦思想教育活动，创造性地提出了大部分由集体公积金支出，少部分由社员按劳动底分投资，困难户减免，三年内由公积金归还的办法。此办法立即得到了群众的拥护，并调动了社员建库的积极性，促进了全乡水利运动的开展。在 1956 年前后兴建的 21 座山塘水库，资金全部由社员自筹，没有伸手向国家要补助。这种靠自力更生、艰苦奋斗建成的水库，不仅工程进度快，而且质量好。当时同山的经验，推动了全县，影响了全省，甚至传遍全国。边成明就是 20 世纪 50 年代同山乡水利建设的尖兵、参谋和指挥。他呕心沥血，为改变同山乡的苦旱面貌，付出了毕生精力。同山乡被省政府授予"浙江省 1958 年度水利建设先进单位"的光荣称号。1964 年 7 月，他因患癌症，久治无效，不幸逝世，时年仅 39 岁。

（九）汤华新

汤华新，诸暨西江乡西斗门村人，生于 1926 年 9 月，卒于 1984 年 2 月 24 日，时年 58 岁。

汤华新 1950 年任泌湖乡农协主任，1953 年入党，至 1982 年，历任区委委员、副区长、区长、区委副书记，长期分管水利工作。

他出身湖乡，深谙水灾之痛苦，20 世纪 50 年代至 60 年代初，他在姚江、湄池两区任职期间，正是水灾频繁侵袭的时候。由于他热爱水利，与民同心，作风平易近人，善于团结群众，所以当 1962 年湄池区筹建电排站资金困难时，他深入群众，耐心细致地进行鼓励教育，谅情察理地筹措资金，终于获得广大群众的积极响应与支持。他在逆境时仍心系东泌湖群众受涝之苦，积极向领导建议"填平乌程江，实现改土灭螺和水田林路两个结合"的宏伟规划，受到广大湖民的热烈拥护，后被任命为工程副指挥，与湖民同甘共苦，奋战五个月完成。一次他发高热在湄池医院打吊针，听到工地来电有事，立即带病回工地处理。这种极度负责的精神，至今在干部群众中传颂。

1982 年，他被调任县计划生育办公室主任。1984 年 2 月 22 日当他出席绍兴市计划生育会议汇报时，突发脑出血，经绍兴医院抢救无效于 24 日去世。他的骨灰，根据其生前遗愿，撒在湄池区浦阳江河段上。

（十）田渭永

田渭永（1927—1963），诸暨县湄池镇三江口村人。1958 年 6 月赴省钱塘江工程局潜水员训练班学习，结业后任县水利局潜水员。在职期间，先后抢修危险水库 300 座，并积极支援嵊县、新昌等县潜水抢险。1961年，枫桥区青岭水库大坝塌陷3米多，严重影响工程安全，田奉命奔赴现场抢救，潜水三昼夜，致口鼻出血，水库终于脱险。1963年5月11日，苍象湖闸门被洪水突破，田奉命于午夜11时30分赶赴现场，抢堵闸门，连续潜水两次无效。时洪水继续上涨，三都区委副书记蔡锡昌认为危险性太大，劝其停止潜水，而田不顾个人安危，当第三次潜水堵闸，不幸被闸外钢轨与泥袋压住而牺牲，时年36岁。1963年6月8日，浙江省政府授予其烈士称号。

（十一）梁焕木

梁焕木，1928年9月16日出生，诸暨枫桥镇孝义村人。1951年当选副村长，参加江西湖截弯取直工程，被评为水利工程模范。1953年带领民工参加高湖分洪工程建设，获"模范集体"称号。1954年冬任青岭水库建库委员会副主任。1955年3月加入中国共产党。1955年6月18日，因连续暴雨，导致尚未竣工的青岭水库垮坝，梁焕木带领群众重新堵口，建成蓄水60万立方米的青岭水库。

1955年冬至1957年10月，梁焕木负责建设郑宝山水电站。其间，带领群众建造小型山塘水库18座，平整湖头畈农田2700亩，开挖畈中排涝渠道，使十年九无收的易涝田成了旱涝保收的丰产田。他用毛竹筒制成的水准仪和牛力压土机，上了新闻纪录片。1957年12月，梁焕木担任枫桥区水利技术员，被省水科所聘请为特约研究员。1958年至1960年负责建造征天水库，其间建设小水电站14座。1960年5月至10月，参加省第四期水利干校培训学习，兼任校党委委员。1960年9月被省农村工作部任命为水利工程师，当年担任征天水库养护管理委员会主任。针对当时的贫困状况，梁焕木动员妻子、儿子搬进水库以稳定民心。把每月 45 元工资交给集体分配，自己仅拿 25 元工资。他还带领 40 余名管理人员起早摸黑加固大坝，开拓溢洪道，摘掉了危险水库的帽子；又修建水库灌区渠系配套工程，使灌区农田实现旱涝保收。后来水库富了，他又动员妻子回家务农。1962 年参加枫桥江"三江"并道治理工程和整修加固枫桥江堤防，建征天水库坝后电站；1964 年开凿征天水库引水隧洞和引水渠道，增加水库集雨面积 5.05 平方千米；1965 年对征天水库进行除险加固；1967 年搞西小溪排灌工程，并将遮山电排站改为排灌两用站；1971 年参加浦阳江"四五"治理规划调查。1973 年 7 月至 1976 年 6 月被选派到非洲乌干达奇奔巴农场援外，任农业水利组组长。联系当地实际，大胆提出工程设计修改方案，出色完成援外水利建设任务，受到乌干达政府的表彰。

援外回来后，梁焕木看到农民种粮但化肥紧缺，大搞农田水利建设但水利机械和水泥难买，于是先后兴办水利机械厂、水泥厂等企业，并以征天水库为依托，大力发展水利多种经营，建立征天综合开发公司、征天集团公司，在实践中探索了一条以水兴工、以工促农、以工补农的路子，既推动了水利建设，又促进了地方经济的发展。

梁焕木长期艰苦朴素、清正廉洁，多次放弃进城当国家干部的机会。

1995 年，梁焕木因病住进了杭州一家医院，但仍时刻不忘水利。在病床上完成了十余万字的《枫桥江的治理与开发》专著。

1996 年 4 月 19 日，梁焕木在绍兴市第二人民医院逝世，享年69 岁。

40多年来，梁焕木为人正直，作风正派，勤政廉洁，不畏艰难困苦，勇于攀登创业，锐意改革进取。从 20 世纪 50 年代担任村干部开始，先后任征天水库党支部书记、主任，征天综合开发公司董事长、县水利局副局长，县政协副主席、绍兴市政协常委，中共诸暨县委七届、八届、九届委员，七届、八届全国人大代表；曾被评为市社会主义建设功臣，诸暨市、绍兴市、浙江省优秀共产党员，全国水利系统特等劳动模范，省特等劳动模范，全国劳动模范，全国水利系统优秀企业家，全国职业技术教育先进工作者。中共诸暨市委、中共绍兴市委、中共浙江省委办公厅曾先后四次做出向梁焕木学习的决定。

（十二）吴国琦

吴国琦，1967 年出生。诸暨县赵家镇山口村人。1994 年 8 月 15 日 7 时许，同村村民何和良在抗旱时下到井底搬石挖泥，因严重缺氧而昏倒在井底。距井 300 米远正在另一口井架线安装水泵准备抽水灌田的吴国琦闻讯后迅速奔向出事地点，下到 5 米深的井底救人，因缺氧倒在井底。经抢救无效，光荣牺牲。团省委、团市委分别追授吴国琦为"优秀共青团员"。是年 12 月，省人民政府批准吴国琦为革命烈士。

第五章　诸暨古迹文存文化资源

诸暨地处浦阳江中游，是该流域历史上遭受洪涝灾害侵袭最频繁的地区，它与水旱灾害做斗争的历史较长。诸暨历史悠久，文化底蕴深厚，与水文化有关的古迹名胜资源丰富，文献、碑刻、诗词、民谣、民谚众多。此处择选摘录部分，以供参考。[①]

第一节　古迹名胜

一、西施、郑旦古迹

苎萝山，又名萝山，在县城南二里外浣纱溪（即浦阳江）西侧。山高 22.78 米，周不满 1.5 千米，岩石呈红色，俗称红粉石。为西施故里。南朝顾野王《舆地志》云："诸暨苎萝山，西施、郑旦所居。"

苎萝村，位于苎萝山下，为西施出生地。山下有东西两村，村以山名。西施名夷光，因居西村，故称西施。《（光绪）诸暨县志》载："苎萝村，在苎萝山下，曰西施故里。"新中国成立后，改名浣纱村，属城关镇。"古苎萝村"牌坊立于苎萝村口。木结构，

---

① 主要参考《诸暨县水利志》《诸暨市水利志(1988—2003)》《枫桥江水利志》整编。

覆山坡顶，阴阳合瓦。民国初曾修缮，牌坊阑额上横书"古苎萝村"四字，为当年诸暨知事汪莹所书。已圮。

浣纱溪，以西施浣纱得名，系浦阳江流经城关河段之俗称。《（光绪）诸暨县志·山水志》卷八记载："浣江，亦名浣渚，又名浣浦、浣溪，亦称浣纱溪，实为一水而异名也。"

浣纱石，位于苎萝山下，浣溪江畔，为西施浣纱处。石壁高 3.6 米，宽 5.7 米，上镌"浣纱"两字。竖书阴刻，字径 50 厘米长，57 厘米宽，相传为东晋王羲之书。1981 年 5 月，定为县级重点文物保护单位。同年，列入《中国名胜词典》。

西施滩，位于县城东侧，浣江两岸，传为西施与浣纱女游憩之地。

西施坊，在城关镇，宋嘉泰《会稽志·衢巷》诸暨条载："西施坊，以西子所游处名。"1986 年，于西施坊附近建西施大街，东临滨江路，西至火车站，站内塑有西施浣纱像一尊，高 2 米。

西施湖，在县北姚江区，白塔湖南，俗称磨心潭。相传西施离乡去吴国时，于此逗留，提出"天地有生，不失厥理"的生利之法。为纪念西施，后人曾一度称此湖为"西施湖"。新中国成立后，与大兆湖、西大兆湖和鲁戈湖合称为"下四湖"。

西子祠，古称浣纱庙，俗称西施殿。位于苎萝山东麓，系后人为追念西施所建。唐代已具规模，后毁。明崇祯五年（公元 1632 年），知县张央重修，名西子祠，后复遭兵祸。清道光二十二年（公元 1842 年），店口陈延鲁出资重修，并捐田以备修葺。咸丰辛酉（公元 1861 年），又毁于兵。光绪间，里人集资重修，架屋三楹，余皆荒废。民国十八年（公元 1929 年）集资再修成正厅三间，门额书颜体"西子祠"字。1934 年，陈蔚文任祠董，修复殿堂左右两配厢，曰"南厅""北阁"。抗日初期为日机炸毁。1986 年 9 月，县府拨款重建。

西施亭，位于苎萝山麓，浣纱溪畔。旧称浣溪亭，亦名浣纱亭。《（光绪）诸暨县志》载"浣溪亭，在苎萝山麓"，"咸丰辛酉（公元 1861 年）毁于兵"。民国年间，举人陈蔚文在离苎萝山东南 200 米处浣纱溪畔，捐资复建，易名"浣纱亭"。亭后营屋三间，亭悬"浣纱亭"匾额，立王羲之所书"浣纱"拓刻石碑，并挂陈锦文所撰"浣纱成古迹，救国出真人"楹联。1952 年亭毁，1981 年，县文物管理委员会于浣纱石上方重建，名"西施亭"。

郑旦故里，郑旦字修明，越国时与西子并献于吴。其故里在县城南门外浣江东岸金鸡山下鸿鹤湾村，与苎萝山隔江相望。后人为纪念郑旦，于村旁北侧临江处，建郑旦亭。

范蠡岩，又名范公岩，俗称虎头山，在苎萝山南，相传为当年范蠡徜徉游吟之地。宋嘉泰《会稽志》载："范公岩，在诸暨县南，为陶朱公所游历也，岩下有洞。"

兴越二大夫祠，为祭祀越国大夫范蠡、文种而所建，据清《（光绪）诸暨县志·建置志》记载："祠在上横街，祀范蠡、文种。明万历二十八年（公元 1600 年），耆民郦有政，请邑侯刘光复创建，祠在武安王庙侧。祀以仲冬，以入吴之月也。"

二、五泄名胜

五泄风景区，位于县城西北 23 千米处，属五泄镇。景区面积 9.45 平方千米，保护区面积 22 平方千米，呈狭长分布。

五泄景观，以瀑奇、峰秀、石怪、林异、寺古、境幽著称，久有盛名。6 世纪所出《水经注》三十五卷载："县滨浙江，又东合浦阳江，江水导源乌伤县，东径诸暨县，与泄溪合。溪广数丈，中道有两高山夹溪，造云壁立。凡有五泄……望若云垂，此是瀑布，土人号为泄也。"。素有"小雁荡"称誉，历代文人多有品题。20世纪30年代，定为浙赣铁路风景名胜点，20世纪50年代为浙江省文化局所管自然风景区，1985年8月被省府列为省级重点风景名胜区。

（一）瀑

乡民称瀑为泄。"五泄"，为五级瀑布总称，一水五折，落差共80.8米，斜长334米。其水，源于紫阆乡海拔938.9米的大岭尖，流经响铁岭北麓，西下刘龙坪，折向东南至第一泄，长8千米。

一泄，位于五泄寺西北500米处，海拔245.8米，落差5米，溪水沿岩坡滑下，汇而成潭。潭形如井，称"龙井"，俗称"小脚桶潭"，其下又有一潭，状若浴盆，俗称"大脚桶潭"。水自潭中跃出后，泻入二泄。

二泄，海拔238.7米，落差7.1米，溪水始分两股为瀑，宽7.8米，其后汇而为一，冲入南头岩根深潭。潭形方狭而长，下不见底，所溢潭水，为三泄源头。

三泄，海拔220.9米，落差17.8米，溪水滚流10米后，为凸岩所阻，水一分为剪状，进而合为一，再一分为三成"川"字形，其下，散流复集，滚入岩沟，奔往四泄。

四泄，海拔201.2米，落差19.7米，激湍沿向南壁石槽飞泻而下，于中段突兀岩障中曲转喷弹，级中含级，形同"之"字，急流入潭后滚涌向东，冲入五泄。

五泄，海拔170米，溪水于涵漱、碧云两峰间，自31.2米高处俯冲直下形成"水势高急，声震水外"的长瀑，瀑宽3米，其下为东龙潭。

（二）潭

东龙潭，亦称东龙湫或黑龙湫、黑龙井。位于五泄的最后一级。北侧为涵湫峰，岸壁有摩崖石刻，多为名人题咏。

西龙潭，亦称西龙湫或白龙井，位于遇龙桥西进 3 千米处。沿途有三台塔、一线天、啼狼谷、双峰插云等景观。潭上有石河，水为燕尾石剖为二股下注而成燕尾瀑，瀑下为西溪。

毛龙潭，位于遇龙桥西 200 米处，在卓笔峰与天柱峰间。有泉自 30 米陡壁飞入潭中。

（三）溪

五泄溪由北向南贯穿景区，全长 17.5 千米。西坑口以上有东溪（东龙潭）、西溪（西龙潭）两条支流。东溪源于紫云乡大岭尖，源头高程 700 米，其 3 条枝状源流汇于紫间乡北，经紫阆村东，沿响铁岭北麓，绕泄顶峰，转至刘龙坪，折向东南构成五泄飞瀑。过瀑布区后，溪流绕林场驻地与西溪汇合，共入五泄水库，全长 11 千米。西溪源于天塘岗南，源头高程 919 米，有 6 条支流。西溪水至合井潭与东溪相汇，全长 6500 米。

（四）峰

据载，五泄有七十二峰。主要山峰：瀑布东面有涵湫、泄顶等峰，西面有分龙、碧玉、钵盂等峰；五泄东岸有哺乳、仙掌、杜鹃、仙桃、鹭鹰、夹岩、旗、鼓等峰及白龙岗，西岸有玉女、老僧两峰，峰峦最奇特处在西龙潭，西壁有朝阳、天柱、卓笔、童子、白云、宝陀、玉龙诸峰；东壁有石屏、钵盂、香炉等峰。景区内最高峰为位于西北的郁孤，海拔 574 米。

（五）坪

即坪地，五泄共有三十六坪。东溪和五泄湖东，有响鼓、响铁、刘龙、捣白、太阳、梅花、大天沿、小天沿、小施姑、大施姑、样柴等大坪和夹岩小坪，东、西溪间有寺前坪；西溪与五泄湖西，有金刚、茶壶、美女、猛虎、天池、洋湖、夹岩等坪。

（六）岩

五泄有二十五岩。叠石岩，在五泄水库大坝东 200 米，海拔 222 米，片石层叠，迎面壁立。夹岩，耸立于大坝东端，海拔 345 米，岩腰有夹岩洞，岩下有夹岩寺。水库建成后，寺沉水底，洞临水际，形成一新景观。西溪两侧有俱胝、翔凤、垂云、掷锡、摘星、玉屏、倚天诸岩。倚天、摘星东西对峙，上开下合，两岩夹天，仅见一线，名"一线天"。

（七）石

五泄奇石甚多，命名者有十石。石狮，在夹岩石远处；石龟、石屏，位于五泄寺南两溪汇合处。遇龙桥西，上列三峰，状若笔架，亦呼笔架山；西溪有石虎、石鼓、石笋、犀角石和留仙石等。留仙石传为南齐名士谢元卿隐居处，石上镌有"谢元卿结茅处"，已漫漶。

（八）林

景区林茂花繁，植被极佳，森林覆盖率 79.2%，属中亚热带常绿阔叶林。植物有木本 400 余种、草本 600 余种。其中，国家级保护植物 3 种：香果树为古老子遗树种，列为国家二级保护植物；华水韭为古代子遗蕨类，天目木兰为华东特有珍稀树种，均列国家三级保护植物。散生珍贵稀有树种有七子花、膀胱果、羊踯躅和华东杨等。古树名木有五泄寺前的古银杏、西龙潭与铁崖坪的古马尾松，均高 30 米，胸径 1.5 米。此外，石佛尖岩隙中有旧志所称"沉香"1 株、五泄寺内有玉兰 2 株，亦均为古木名花。

五泄尚有清虚、烟林、啼猿三谷，蟠桃、石室两窟，列宿、垂秀两轩，倚杖台，九琐、藏春两原及通微径、凤翔隈等景观。

三、古建筑

（一）观稼亭

《（光绪）诸暨县志·名宦志》载朱廷立[①]观稼亭："邑东迓福门（俗呼下方门）旧有接官亭，后废……豪右据其地而田圃之，二十余祀矣。两厓子，复焉构亭三间，门一间，环以墙，题曰'观稼'。……是邑明年夏，旬未雨，山田之民走于庭告曰：'旱矣。'予往观焉，则见夫田燥如也、池涸如也，稼线如欲槁也；越三日，不祷而雨，雨未及旬，湖田之民走于庭告曰：'涝矣。'予往观焉，则见夫田洋如也、堤颓如也，稼渺如无见也。越二日，不祷而雨止，是岁稼无全稔，予曰：'是不可以无备。'冬，乃南往山中，谓山民曰：'尔其浚尔池以资灌乎？'北至湖，谓湖民曰：'尔其筑尔堤以御冲乎？'民曰：'吾事也，乐而事事。'至明年，三月雨至五月，无告涝者；六月不雨至八月，无告旱者。是时也，工告亭完，予至亭四望，则见夫昔之燥如洋如者，润如井如矣；昔之涸如颓如者，盈如城如矣；昔之线如渺如者，芃如硕如矣。是故改接官亭为观稼亭。"已埋废。

[①] 朱廷立，字子礼，一字两厓，湖北通山县人。明嘉靖二年（公元 1523 年）任诸暨知县，后擢监察御史，官至礼部侍郎。他在诸暨任内，督筑坪堤，以卫诸湖。（相传朱公湖是追念朱廷立而命名。）

（二）刘公祠

明万历刘光复任诸暨知县期间，有计划有重点地兴修水利，深入民心。"暨民追思，建祠，凡六十三所"。（《（光绪）诸暨县志》）。昔会义桥东、县城官船埠、大侣湖庙嘴埂、白塔湖斗门、金家站等处均建有刘公祠。因年久，多废。诸如：

大侣湖庙嘴埂刘公祠，祠于埂旁，门前有石阶，门楣上凿有"刘公祠"三字，两侧各有三间侧厢，东、西墙边立有碑石块，碑镌水利禁约条款，殿后正中置刘光复塑像。清代郭肇曾为祠撰有《茅渚埠刘侯祀祠》："刘光复，殁二百余年，暨人祀俞虔，颂愈讴。"新中国成立后，1973年兴建公路时，祠被拆除。

金家站刘公祠，原在金家站土地庙（今为杨梅桥乡校分部）侧厢，祠内有刘光复塑像，上悬"民之父母"匾额，蓝底金字，字为金茂椿（号寿仙）所写，神龛为清同治年间村人金茂桂发起建造，并在茂桂之父金起昱祀产中拨田一亩五分（土名新屋前，坐落新屋道地），组成"刘大会"，每年农历四月初一日，由种田者轮流当值祭请。1951年土地庙改建时被拆除。

白塔湖斗门刘公殿，位于斗门大闸旁东侧，殿门直柱有楹联："排淮筑圩万古浪花并夏禹，筑坝浚江千秋庙貌是刘公。"20世纪50年代初培修堤埂时殿被拆除。

四、古湖塘池沼

（一）放生池（湖塘）

湖塘在县东二里，唐天宝中（公元742年—756年）诸暨县令郭密之筑，周20里，溉田20余顷。（《浙江通志》）此系官塘溉田之始。

湖塘又名放生湖、放生池，宋嘉泰《会稽志》载："池心有小山，状如龟，号龟山，其东有虹梁扁、放生桥。"《（光绪）诸暨县志》载："龟山亭，旧志在县东二里放生湖中（龟山上），今圮，湖山亦无考，其地应隶安俗乡。"

新中国成立后，据江东畈修志人员勘实，该湖塘古址在安平乡，距郑家村一里处突兀于平川之小山（今名大下马山），即古湖塘之龟山，山呈椭圆形，长 102 米，宽 82 米，计 12.5 亩，中部隆起，露赤色岩石，高程 13 米。四沿均匀地缓度倾斜，周围荡渠连绕，山状酷肖龟，头南尾北，大有栖后欲爬之势。昔被郑家营造祖墓于龟肩，向禁垦植，荒草杂树满山；又更名为谢子山（据传有谢姓阁老隐居于此而得名）。据居山老人郑银山、王灿才口述："此山先前确称龟山，自郑家连四房六十四公墓葬此（距今 300 年），其子孙繁衍，占村过半（今 100 多户），因畏世而忌讳，遂不叫龟山。"故历代修志者不得发迹。1960 年，县委在此筹办畜牧场。1961 年郑家村有 20 多户迁入。惜经千年沧桑，古湖塘遗址已难分辨了。

（二）县湖

县湖，为城内蓄水之湖泊。《（乾隆）诸暨县志》载："城东浣江天堑，城中上中下三湖，名县湖，由城南紫山下环儒学抵北城，出城为白水河，沿城东入浣江。相传，长山势逼，用堪舆家说，凿此当之。宋淳熙中（1180 年）知县何乔浚其湮塞，置二闸，以时涨涸。明嘉靖中知县徐履祥复浚之，于儒学前环西筑一堤，人呼徐公堤，后废，知县夏念东复筑之，为学湖。"后三湖通流跨以石桥三座：桂桥（以桂花坊名）、登仕桥（一名众安桥）、采芹桥。明代兴水利，县湖亦变迁。后为五湖，即：三官殿前湖，郦祠前湖，学前湖，琵琶湖，火神庙前湖。湖水颇浊，城中地势以火神庙前湖最低，故筑闸放水，曰"县湖闸"。学前湖之水经三思桥，出下水门沟道入江。清同治十年（公元1871年）知县朱朴视五湖年久坍塌淤塞，就地筹捐银一万五千八百两，纷纷兴工，但经理不得其人，费罄而工弛。光绪十六年（公元1890年），有赈饥余钱四百十六千，知县胡永焯留存为浚湖之需。光绪十九年（公元1893年），由绅士程槐、楼任贤、郦英彦等领款兴工，知县周学基捐廉为倡，及工竣，共费二千五百七十四千有奇，惟采芹桥与登仕桥至王家道地两岸，因经费不敷，从此毕事。宣统间绅士金鼎铭等始议集资养鱼。（《诸暨民报五周年纪念册》）

民国时期，县政府为解决住民洗涤、消防和北庄畈之灌溉问题，对疏浚五湖亦做过努力，曾设"诸暨县五湖疏浚协会"，将浙闽善后救济总署拨来之工赈米二万五千斤（变价国币655万元），以及各保捐币342.5万元作湖整修之费，1935年10月动工，1936年完竣。

新中国成立后，随着城关人口繁衍，五湖淤积日甚，据1956年测量，五湖总计蓄水量尚存3万立方米。1979年以后，除郦家祠前湖尚存半个外，其余均缩小或填平建造房屋，原五湖之面貌已不复存在。

五、古桥古堤

落马桥位于城东4公里处（今百岁亭），旧名长官桥，宋淳祐二年（公元1242年）县令家坤翁[①]建。明成化间知县王瓒修之，更名"新暨阳桥"。岁久危圮，清咸丰间里人募捐重建，改为圆洞三，

---

① 家坤翁，眉州人（今四川眉山市）。南宋淳祐二年（公元1242年）任诸暨县令。

高阔逾前，登降有级，两旁护以石栏，复以今名。

昔家坤翁于旧桥侧筑堤，以障嵩山溪水，并植柳其上，人称家公万柳堤，桥畔有劝农亭，已圮。

第二节　水利碑刻文存

一、《戴琥水利碑记》摘录

绍兴居浙东南，下流属分八县。经流四条：一出台州之天台，西至新昌，又西至嵊县，北经会稽、上虞而入海，是为东小江；一出山阴，西北经萧山，东复山阴，抵会稽而入海，是为西小江；一出上虞，东经余姚，又东过宁波之慈溪，至定海而入海，是为余姚江；一出金华之东阳、浦江、义乌，合流至诸暨，经山阴，过萧山，入浙江，是为诸暨江。其间，泉源支派汇潴堤障，会属从入如脉络藤蔓之不绝者，又不可不考。

东小江，发源于天台关岭，天姥山之水东北来。从东阳之水出白峰岭，诸暨之水出皂角岭，……西小江，则山阴天乐、大岩、慈姑诸山之水合于上下瀛等五湖，西北出麻溪，东西分流由新河闸随诸暨江从渔浦入浙江，东历萧山白露塘，而三峡、苎萝、石岩诸塘、利市、固家、湘湖、排马湖运河之水，东由螺山等闸注之。又东至钱清，山阴之黄湾、越山、铜井之水，西由九眼斗门注之。故道堰塞……

诸暨江则金华之义乌、浦江、东阳之水。所谓浦阳江，苏溪、开化溪西北合流于丫江，丫江之上西有鲤湖，东有洋湖，下则东有木城、柳家、诸家、杜家、王四之五湖。丫江北经县治，至茅渚埠分为东西江。西江，则有竹桥溪，受马湖、章家湖、后新亭、柘树二湖，大东二湖，与夫镜子、沈家、道仕三湖之水，又有京堂湖及朱家、戚家、江西三湖，神堂、峰三、黄潭三湖；东江，则莲、仓、象、菱四湖，横塘、陶湖、高公、落星、上下竹月六湖，张麻、和尚、山后、缸灶四湖，泌湖及桥里、霍湖、家东、马塘、杜家、毕草七湖，前村、石荡、历山、忽都、白塔、横山六湖；二江之间，则有大侣、黄家二湖，赵湖、泥湖、线鱼湖、西施湖、鲁家湖。二江合处，名三港口，东有吴、金、蒋、下四湖，西有陶湖、朱公二湖，观庄、湄池、浦朱、里亭四湖各来入，同归浙江。

……

诸暨江，萧山旧有碛堰，并从西小江入海，堰废始折而二，好事者不察时务，不审水性，每以修堰为言，殊不知筑堰之初，未有海塘，水尚散流，故筑其一道，而余尤可以杀其势，故能成功。兹欲以篑致之土，塞并流之江河乎？设如堰成，障而之西小江数丈之道，果能容之乎？予固谓诸暨将成巨浸，……

时成化十八年五月朔旦，知府事，浮梁戴琥识。

二、《王家堰禁碑记》

钦加四品衔升用直隶州署理诸暨县正堂兼营务处提调加三级记录十次杨为勒石示禁事：

照得本邑西江之王家堰，即古之蒋村堰，载在县志。凡遇天旱，照常筑捺，引水注田，历久无异。而道仕湖上有竹桥堰灌注，发源五泄；下有浙潮可放，本若各有水利。乃道仕湖张世良等纠众毁掘王家堰，致上游东江两岸各湖良田五万余亩被晒歉收，复于九江庙侧私筑堰坝，致于王家堰长周春台等纷讼到案。

兹经本县集讯，查张世良等供称：王家堰向有古埂，并无的确向章可据。信口雌黄，始则毁堰，继又争埂，显见好事呈习，为抵饰毁掘起见。本县两次勘东江讨饭堰，地势较高，西江王家堰地势偏低，便在东江勘情酌理，显而易见，惟王家堰既被毁掘，周春台等虚耗堰费三百余贯。本应将张世良等发押赔缴，惟念道仕湖田亩无多，劝令周春台等顾全邻谊，从宽免究。

嗣后各照向章筑捺，不得恃强毁掘，给示勒石，以垂永远。除堂谕并取具两造允服，遵给附卷外，合行勒石示禁。为此示仰王家堰沿江一带居民人等知悉，嗣后务照向章筑捺，不得恃强毁掘，致干究办。

切切，特示

宣统元年八月□日立

受益具名单位：

郦村埂、余村埂、沙埭埂、庙嘴埂、花园埂、源汇潭埂、和尚滩埂、下江东畈、黄泥湖、双江畈、黄金湖、陶湖、东阮湖、邵家湖、黄家墩湖、杨家井庄

绅耆同立

一堰水攸关课食清水，倒缺，值蓬家立刻赔筑，不得延宕。

一西江堰水逆灌东江各湖，不得沿江截捺及私情买放。

一堰上船簰过往，遵存案细章，不得越轨勒索。

以上各项情弊一经察出，共同议罚。

三、刘光复《经野规略序》

孟子曰："受人之牛羊而为之牧者，则必为之求牧与刍。"太史公曰："饥寒切于人之肌肤，欲其无为奸邪，不可得矣！"

管子曰："衣食足而后知礼节。"则奉天子明命，惠养一方元元，计所以哺字安全之，俾无乖戾忿疾之心、愁叹不平之声者，非导利而与以自生不可也。暨之民，率资生田亩；暨之田，又半属下泽。高田虽硗，十年而旱者二三。枣、栗、茶、笋、麻、麦、丝絮之产出处，山民犹得各取所有，以济燃眉，可少须臾无死。若低田，则与浣江平。上流澎湃而来者，不知几千百派；中之容受处，仅一衣带；下之归泄处，若咽喉然。骤雨终朝，百里为壑，十年而得无害者，亦不二三。暨民盖无岁不愁潦矣！况一经漂没，居无庐，野无餐，立之于沟壑四方耳！每见埂倒，老幼悲号彻昼夜，此岂为人上者所忍闻而得坐视之乎！光复戊戌冬抵暨，值大浸之后；次年，冯夷为虐，各湖遍没，几无以为生。幸天牖下民，予巡视所及，询无隐情，令鲜玩梗，受事约成，不闻愆期，比年遂获大有，民始知不为徒劳。嗣是岁岁畚锸，亦岁岁逢年。而长年三老与力田者，谓人事未尽，天灾所时有也；官民未习，大功不易就也。欲应众心之鼓舞，图生养之永计，害祈尽除，利祈尽兴。时云中刘公抚越，谆谆勖以必行，当道俱交勉之。于是凿渠导流，芟秽塞窦，丈埂分筑，高广倍加，两岸有路通行，滩中无物作梗，十旬而千里之堤屹然。暨民之勤生，固如此哉，吾何与焉！倘其祛故维新而尽若兹也，礼让之风，予日望之乎！虽然桑田沧海，天地不能以自必，此特其大略也。若谓今之垒土者，遂可晏然无事，不几诬暨民而祸后日乎！独念谫劣如复，黾勉朝夕，犹荷天佑以无荒民事，况聪明特达百倍于复者耶！《暨志》有之曰："三夜月明来告旱，一声雷动便行船。"则暨之所重与思所以重暨民者，可知先务矣！

  万历三十一年□月□日绍兴府知诸暨县事池阳刘光复谨识

四、《（光绪）诸暨县志·水利志》

《考工记》曰："善沟者，水漱之，善防者，水淫之。"此言水性奔流，变徙靡常，利之所兴，害即伏之。盖深虑善创者兴利于前不可无，善因者继述于后，守其成法而无少怠误。并不仅守其成法，而因地因时与为变通，不使害之或萌而得常保其利也。暨之于水，厥利有三：东南西三乡，地势高仰，无陂池大泽以蓄水，溪涧直泻，涸可立待，利用溉，于是乎筑堰。北乡地处洼下，众流之所归，不有防卫，即成泽国，利用障，于是乎筑埂。然外水不入，内水亦不出，汪洋浸灭，利用泄，于是乎建闸。此因地之利也。先是阖邑之水，北流东折入麻溪，经钱清达三江以入海，水性趋下，泻之尚易。自筑麻溪，开碛堰，导浦阳江水入浙江，而邑始通海。每当夏秋淫霖，山洪斗发，上游之水，建瓴直下，钱塘江又合徽衢、金、严杭五府之水，海潮挟之以入，碛堰逆流倒行，而与浣江作难。其互相阻格，则停潴不行，两相搏激，则横溢四出，溃堤埂，淹田禾，坏庐舍，北乡湖田尽受其害。嘉靖初，邑宰两厓朱公，督筑圩埂，以卫诸湖，水害稍息。数十年后，上下怠视，湖埂渐圮，而邑宰林公，复卖官泌湖于十三家，以筑城邑，遂无容水之区。虽明诏复浣江故道，而萧人持之，坚不可夺。万历间，青阳刘公，不得已而为自治之计，凿渠导流，芟秽塞窦，修闸培埂，次第举行，江流始畅，此因时之利也。夫因地者有不易之制，因时者无可泥之法，至地随水变，而亦有不能不相与变通者，理势然也。刘公明定条程，熟筹善后，凡所以为暨民谋利者，著有《经野规略》，以垂久远。盖深有望于后之人，守其成法，而又不仅守其成法，因时制宜之思，周致缜密，恳切谆详，尤溢于语言之表者也。自是而降，鲜有谋及者矣。水性慓悍，沙石夹下，江路淤塞，容水无地，三百年来，为漱为淫之患，日甚一日，而规略之所责成者，溺职不修，规略之所严禁者，千犯无忌，就令拘守成法，日事培埂，万丈奔流，以两堤夹障之，其能与水争地而无溃决之患哉！况乎培之缓，不若淤之速，培之难，不若淤之易，江日积而日高，埂愈崇而愈危，十岁九荒，岌焉终日。谋水利者，乃为浚江之议，而经费无出，安沙无地，筑室道谋，屡议屡辍。且群山遍垦，为前此之所未有，沙随水下，朝浚夕淤，亦有浚不胜浚之势。失时不谋，至于今日，但见水之害，无所谓利也。昔戴太守有言曰："诸暨将成巨浸，唯有付之于天而已。"观诸今日，斯言验矣。楼《志》载水利多采《经野规略》，虽古今异宜，其所记载，亦非尽属当今之急务，而但得痛恤民瘼者，师其实事求是之心，因时制宜，与水变通，亦未始不可以人力补救也。

五、《（光绪）诸暨县志·山水志》节录

上谷岭，在县东五十里，属大部乡。山从走马岗发脉（东界嵊县），枫桥江源出焉。北流经袁家岭，西流绕西坑村，受西坑水。

西坑水出西坑山，南流出西坑，入上谷岭溪。

又西流出黄坑桥，受黄坑水。

黄坑山，在上谷岭南。水自山下西北流，入上谷岭溪。

又西流经杜家坑，受杜家坑水。杜家坑山，南负外走马冈。水自山下北流，经杜家坑，入上谷溪。

又西流出杜家坑桥，经三坑口（坑口溪南有观音庙）又西流

至黄四娘潭，受宣家山水。

宣家山，南负走马冈（东界嵊县，产茶甚佳）。水自北麓西北流经里宣村，又西北流经外宣村，又北流至黄四娘潭，入上谷溪。

又西流出太平桥（桥北有太平庵），绕阶级山，一名戒梯山，山冈有云济庵，亦名戒梯庵，明嘉靖十八年（公元 1539 年）建。有梯云岩、瀑布泉、经霜石、莲花池、玩月坡、伏龙潭、降魔石、息心亭、放生台、钱王井十景……

骆问礼《十咏》：

梯云岩：曳履穿云上，千寻石作梯。跻攀朝日近，悬挂晚虹齐。皇序阶难躐，天门路不迷。更登宁有既？已觉陋涂泥。

瀑布泉：分得庐山胜，银河落九天。迢迢穿鹫岭，脉脉吐龙涎。戛玉清声越，惊虹素质鲜。徐凝才思薄，洗句喜多缘。

经霜石：偃仰卧荆榛，离奇琢未成。中坚绝纤块，外固胜重扃。玉笋传来远，金縢弃置轻。不看箕与斗，千古擅佳名。

莲花池：本植污泥中，澄波直干通。心空丝不断，叶郁蕊犹浓。艳冶呈朝露，清芬浥晚风。高僧堪结社，杖履每过从。……

竖龙山，在县东五十里，属孝义乡。山自走马冈发脉，栎桥港之源出焉。初名右溪（在左溪西，故名右溪。至八字桥，名八字桥溪。过大林，名步溪，一名龙溪。至丫溪桥，合左溪，始名栎溪。出长宁乡栎桥，曰栎桥港）由泄头西北流经杜坑，又西北经上店，受九峰山、琴弦冈水，出八字桥（明万历间建，道光间周维垣重修）。

琴弦冈水，出冈北（冈南水出沣浦，入县江），东北流至八字桥，注于右溪。

九峰水，出九峰山北，流至八字桥，入石溪。

西流受呼秀岭水。

呼秀岭水，出岭东（旧有庵，今废。岭西水为兼溪，入孝义），东北流经梨树坞，东流至八字桥下，注右溪。

北流受杜家坞水。

杜家坞水，出杜家坞，西流注右溪。

又北流经大林（明新会县丞周于德故里，即古龙泉里。有华藏庵，庵有钟，明万历壬午春黄南塘铸。又有梅子庵，僧眉山建，明天启七年章宪章撰碑。里左为五凤岭，右为磨箭坪），又北流会步溪（一名龙溪）出闹桥（为元月泉书院山长申屠性、征士申屠澄故里，今尚有子姓居闹桥，减双姓为屠氏）。

上坞冈，步溪之源出焉，西流经蕉坪（其阴有云谷庵，明嘉靖中建，一名蕉坪庵），西北流经上步溪，又西北经中步溪，又西北经下步溪，又西北过峡山（一名匣山，在溪北），又西北经花园庙（俗传庙址为李将军花园，明嘉靖间辟荒址为庙，庙下有潭，名落马潭，潭右有落马石，庙右为李家湾，湾右有李将军太平台），注于右溪。

又北流经吴陆畈，受小坑水，出济世桥。

小坑水，出小坑山北，流至吴陆畈，注石溪。

又北流至牪牛堰，绕九龟山，（九峦平列如龟，故名）北麓（山有元淮东宣慰副使王艮墓）。

黄溍《故淮东道宣慰副使王止善墓志铭》："公讳艮，字止善，姓王氏，越之诸暨人。曾大父讳天祐，大父讳一荣，俱弗仕。父讳理，用公贵，累赠朝列大夫、秘书少监、骑都尉，追封太原郡伯。母祝氏、方氏，并追封太原郡君。生母历氏，赠宜人。公少受业郡庠，笃行励学，克自植立，每慨然以康济为志，故秘书少监凌时中为江北淮东道肃政廉访司知事，雅知公，辟为书吏，督办富安场岁课。场距海远，潮不时至，盐丁负水取卤，力疲而赋不充，乃为相其地形，凿渠以通海潮，公私咸便。考满调将仕佐郎、庐州录事司判官、淮东道宣慰使司辟为令史，掌织染之事，所辖官府，久废不治，乃日临视之，为修作坊，募工匠，至于攻金治丝设色，具为区处，迄今守为成法。两淮盐纲，病于运河浅涩，事闻，诏遣都水盐官疏治之。公从分闸至淮安之盐城，有司部役夫三千，束手以俟都水之来。公言不宜坐靡日食，促令兴工。仍立法：每十夫，一治爨，九操畚锸。日所穿广四丈，修一丈，深五尺。比都水至，河可通舟者已四十五里，遂自新兴五祐两场属于高邮，次第讫功，而他州役，议犹未定，乃俾悉用公法行之。调将仕郎峡州路总管府知事，入江浙行中书省为掾史。会朝廷遣使复立诸市舶司，公从之。至泉州，建言：若买旧有之船以付舶商，则费省而工易集，且可绝官吏侵欺掊克之弊。中书报如公言，凡为船六艘，省官钱五千余万缗。升承事郎建德路建德县尹，以方郡君忧不赴。服阕，擢两浙都转运盐使司经历。越守王克敬以郡民苦于'计口食盐'，言于行省未报，而王公为转运使，乃俾与新守于九思集议，咸谓宜稍损其额，以纾民力。沮之者率以为有成籍不可改，公毅然曰：'民实寡而强赋多民之钱，今死徙已众，顾重改成籍而轻弃民命乎？且浙右之郡，商旅辐辏，未尝以口计也，移其所赋，散于商旅之所聚，何不可乎？'于是议岁减越盐五千六百余引。俄有旨改畀王，公以湖南宪节后运使复排前议，公以去，就与之争。丞相脱欢答剌罕闻之，亟遣留公，而议遂定。被本司檄分治浙东，力除私贩诬指之害，按劾书吏奏差尤无良者黜之，所征赃为钱万六千余缗，惧而以赃自首者为钱万三千七百余缗。丁少监公忧，服阕，擢海道漕运都万户府经历。越之官粮入海运者十万石，城距海十八里，岁令有司拘民船以备短送，舟人为之失业，不足，则勒陆居之民，厚直转僦以给之。程期峻急，吏胥得并缘以虐民。及至海次主运事者，又不即受，而有折阅之患。公抗言曰：'运户既有官赋之直，何复为是纷纷也？'众莫能夺，乃责运户自送。运艘为风所败者，例当核实而除其所陷之粮，文移往还，连数岁不绝。公取吏牍，躬自披阅，除其粮二十五万二千八百余石，钞二百五十二万二千五百余缗，布囊一万九千有奇，而运户免于破家。迁承务郎扬州路总管府推官，以厉宜人忧不赴。服阕，除江浙行中书省检校官。有诣中书诉松江富民瞿氏，包隐田土，为粮一百七十馀万石，沙荡为钞五百馀万缗者，乞立行。大司农司劝农营田水利，总管府以纠察追收之，中书移行省议，拟遣官四员，踏视其地，而松江地当什九。公至松江，七日而归，援古证今，条陈曲折，以明其妄，且言：'其意不过欲多桩田荡钞，以竦朝廷之听，而报宿怨，请创设牙门，为徼名爵之计耳，万一民心动摇，患生不测，岂为国家培养根本、久安长治之策哉？'同列闻公言，皆相顾失色。公处之泰然，他所遣官，闻公归，亦皆还行省，以公言上于中书，事遂寝。迁广州市舶提举，辍俸资造库屋，舶商欣然出私钱为助，不逾月而告成。先是，吏胥恣为奸利，凡舶货，择其善者出而售之，不善者积久不售。公始为设法均配立号，募商人掣签取物，库藏为之清。居数月，除江西行中书省左右司员外郎。吉之安福州有小吏，诬其民欺隐诡寄田租九千馀石者，初止八家，前后四十年，株连至千馀家。行省数遣官按问，吏已伏其虚诞，而司属之喜功生事者，复勒其民，具报实有合征之粮六百余石，宪司累授诏条革拨，莫能止也。公到官，首言是州之粮，比元经理已增一千一百馀石，岂复有所谓欺隐诡寄者乎？准宪司所拟可也。行省用公言，悉蠲之，州人相率为生祠，以报抚之。金溪有陆氏三先生祠堂，豪民据其屋而夺其田，陆氏子孙诉京师不得直，公按其籍，使悉归之。公所至，兴除利害，多此类。其详见于省台荐牍，及安阳韩先生、国子监丞陈君旅诸公所为《善政记》《惠政歌》者，不可殚举也。公在江西岁馀，年甫六十有六，拂衣径归，遂以中宪大夫、淮东道宣慰副使致仕。家食者五年，匾所居室曰‘止止斋’，仍自号鹦游子，以见其志云。公与浦城杨君载、鄘州刘君汶友善。论作诗，宜取法古人之雄浑，而脱去近世萎尔之习，间挟其所为文登诸大老之门，最为隆山年先生、永康二胡先生、赵文敏公、邓文肃公所赏识。卒于至正八年正月癸亥，以其年七月丙申葬于州东长宁乡之龙坞。娶刘氏。子三人：长仲扬，用公荫为扬州路如皋县主簿；次仲庐，福建道宣慰使司都元帅府令史；次仲淮，大宁路儒学正，前卒。女三人：适方泗、陈嘉绩、虞尚忠。孙男十一人，女七人。铭曰：惟士先志，惟官先事；志不可夺，事乃有济。表表王公，时之伟器；抱负千里，出仅一二。竭蹶而趋，劬躬尽瘁；拾级而升，不懈于位。好是正直，周而不比；表里洞达，初终一致。古今殊时，学与政异；公起文儒，敏于吏治。询其职业，匪专抚字；士饫其德，民酣其惠。所去见思，如古循吏；没世不忘，仁言之利。修涂九轨，方驾而税；用虽未竟，志则已遂。荐斯铭诗，贲于封隧；有之似之，在尔来裔。"

东北流受邵家坞水，出岩畈桥。

丁家岭，邵家坞水出焉。北流经邵家坞，又西北注右溪。又北流会象辂岭溪。

象辂岭溪，出象辂岭。北流受梅店水。

俞家岭，梅店水出焉（岭南水入县江），北流经小赵马岭，下注象辂岭溪。又北流受大赵马岭水。

大赵马岭，在县东三十五里，水自东麓流出（西麓之水入高湖），东北经章坞村，又东流绕小赵马岭南麓，又东北流注象辂岭溪。又北流，受吴家山下诸小水。

山下有大庵小庵诸水，东北流注象辂岭溪。又北流受章坞水。

章坞水，出天马山阴，东流经小赵马岭北麓，又东流注象辂岭溪。又北流至碑亭，受碑亭水。

碑亭水，出塔塘山间，北流西折，至碑亭注象辂岭溪。又北流至虎沙下桥，注于右溪。又北流出虎沙下桥，西经坞底，受天马山水。

天马山水，出天马山（有大天马、小天马二山。产白葛花，其中垅曰"大飞龙"，山麓有宋徽猷阁待制姚舜明墓。郭肇《姚待制墓诗》："寒烟老树掩荒村，寂寞繁华更不闻。日暮牛羊下丘垅，行人犹道太师坟。"右为舜明子、参知政事姚宪墓。山下为芦花坪），东北流受虎沙山水，又东流至坞底，注于右溪。

虎沙山水，出虎沙山。东北流，合于天马山水。又北流，经姚家庵。居民皆姚氏，藏有《宋姚舜明像》，下列宏、宽、宪、寓四子，《岳武穆赞》。村侧前丁山，有宋枢密院编修姚宽墓。

140

郭肇《姚令威墓诗》："秋山落叶雁飞初，卧碣荒凉入故墟。一死竟虚宣室问，九原空上茂陵书。西溪桥木寒波外，南渡荒宫夕照余。我亦羁栖正愁绝，干戈扰攘欲何如？"又北流经其祥庵（一名骑象庵），又北流出丫溪桥，左溪自东南来汇，为栎溪。

娄峒岭，由走马冈发脉。左溪之源出焉（其腋出者为右溪），受山跑岭水，北流出芙竹坑。

山跑岭，亦从走马冈发脉。水出岭北，西北流汇娄峒岭水，为左溪。又北流受白牙山上蔡水，出三溪桥。

白牙山水，出白牙山北。东北流至上蔡，受上蔡水，至端山下，经冯蔡村，入左溪。又北流受施家坞水，出大坑桥。

百端尖，施家坞水出焉。西北流经施家坞，又北流注左溪。又北流受卓家岭水。

卓家岭水，出岭西。西北流经卓家村，又西流注左溪。西北出双溪桥，绕王村，北流经岭下，受娄峋水，又西北流出格溪桥。

将官岭，娄峋水出焉。西北流经里外娄峋，又西流至格溪桥，注左溪。又北流至溪头村，受梅园岭水，又东北流出双石桥。

梅园岭水，出岭西。西北流经溪头村，又北流注左溪。又北流受梅坞呑、朱家坞、王家坞、菩提坞诸水。

梅坞呑水，出梅坞呑北。北流受朱家坞水，又北受王家坞水，西流受菩提坞水，又西经石仓庙，又西注左溪。

朱家坞水，出白岭。西流合梅坞呑水，入左溪。

王家坞水，出黄大畈山西。西流经王家坞，合梅坞呑水，入左溪。

菩提坞水，出菩提坞西。南流合梅坞呑水，入左溪。西流出鹭山桥，过王家宅（村在溪南）、珠村（村在溪北，村口山有洞，口才通人，行十余步，豁然开朗，石齿如织，深幽无底），又西北流出亏木桥，又北流出左溪桥，过左溪岭下，西流经俞家（村后有袁昂千墓），绕卓家尖（壁立千仞，岩石如削），木瓜岭水自西北来注之。

木瓜岭水，出岭东（有龙安寺，始建于晋，后毁，陈思立重建），西南流至卓家尖，注左溪。又西流出太平桥，又西至丫溪桥，汇右溪，为栎溪。西流绕袁昂千墓道，北受天马山阴之水，至泗洲堂（下有泗洲潭，深不可侧（测），山麓奇石槎枒，水入其窍，澄蓄不泄），受紫园岭水，注于栎溪。

紫园岭水，出岭东（岭西之水入高湖）。北流至泗洲堂，入左溪。又北流受陈旺水。

陈旺水，出陈旺山。经陈旺村，注栎溪。又北流至顾家坞，绕将军山。山在溪东，四围山石壁立，后有二石笋，高三丈余，大十余围，上有仙人坪（俗传明昆山顾鼎臣祖茔在此山），经将军堰，受顾家坞水。

顾家坞水，出顾家坞山（山顶有龙潭），经顾家坞村，注栎溪。又东北流至石碲（明广东参政周文焕墓在村之石宕山，村西有石碲岭，岭西南龟山有康熙丙戌进士蒲江县知县毛钰、义士陈开先墓）铁炉山（俗传宋进士刘延昌与二子铁四、铁五为金兵所追，至铁炉山遇害，村人为建庙于山麓，名刘神庙），木瓜岭水自东南来注之。

木瓜岭水，出岭西。北流西折注栎溪（溪崖有溪东村，与石碲相望），又北流受大园、栅里坞水，沿美女织机山（山东麓有封资政大夫、镇海县学教谕陈烈新墓）。

　　俞樾《陈君墓志铭》："君讳烈新，字筠斋，浙江诸暨县人。陈故钜族，元末有名玭者，始建'日新楼'以藏书；其子斋，又建楼曰'宝书'；斋之六世孙曰性学、曰心学，七世孙曰于朝、曰于京，代有增益。于朝之子洪绶，哀其先世所藏书，建'七樟庵'，以庋之'七樟庵'，陈氏藏书遂为越中冠。及君之生，稍稍散佚矣，然'七樟庵'故物犹有存者。君弱冠入县学，岁科试高等，补增广生。咸丰元年，以教谕注选籍。同治二年，奉省符，署嘉兴县学训导。俗多停丧不葬，久则火之，名曰'火葬'，君白太守严禁。又请于学使者，修复'曝书楼'，取竹垞先生裔孙一人为诸生。其时粤寇初平，故家零落倦圃，曝书亭所藏书，流散人间。君暇日游书肆，偶得一二，辄以重价购之。六年，署长兴县学训导，君以湖州为安定先生旧治，分斋课士，悉依安定遗规。十年，迁镇海县学教谕，课诸生亦如之。有贫民以操舟为业，贫莫能娶，所聘妻守贞不他适。君曰，是可风也，予以资，使之娶。十二年，子遹声举于乡，君即引疾归。所居曰枫桥镇，故有'见大亭'，明给谏骆缵亭先生讲学处也。咸丰辛酉毁于兵，君釀资兴筑，使邑之后进过其庐而想见其为人。君历任余俸，悉以购书。宋元椠本，往往存焉。于宅西建授经堂，藏所得书。后遹声成进士，官翰林，每至厂肆，遇有精椠旧钞，必购以奉君。君手为雠校，详告以版本之良楛、诸家之源流，以是为颐老之娱。于是陈氏藏书又富，虽不能复'七樟庵'之旧，然已逾三万卷矣。枫桥镇为婺越通衢，倡修五显桥以便行旅。又以兵燹后白骨遍野，聚而瘗之凤山之阳。光绪二十四年，遹声知松江府事，君一往视之。见治尚综核，叹曰：'汝欲为郑子产，如无位何？虽然，汝志则尚矣'。居数月而归。

二十五年十月壬寅以疾卒于家，年八十有三，以子贵，封资政大夫。娶楼氏，有懿行，能成君之贤。长子舜发死寇难，次即遹声也，三子沆，四子遹成，皆国学生。女子子四，同邑庠生楼庆钊、福建平潭厅同知骆腾衢、会稽庠生陶霈、同里赵庆堂其婿也。孙七，存者国学生铮，遹成出；讷，庠生；诜，光绪庚子优贡，朝考一等，以知县分发江苏；阎，壬寅恩科，补行庚子正科举人，俱遹声出。宝善，遹成出。光绪丁未八月初一日，遹声将葬君织机山之原，书来丐铭。余与遹声交，知其贤且才，今乃知其来有自也，于礼宜铭。铭曰：于铄陈君，积德在躬。名利虽澹，图史则丰。筑室授经，津逮无穷。衍兹遗泽，景彼高风。方之古人，其陈仲弓。必有兴者，由卿而公。"

（西麓有康熙癸巳举人、金华县教谕寿奕文、壬辰进士光化县知县寿奕盘墓）。又西流沿海螺山，又西流经茅草坞，北出太平桥（俗名新桥）。

大园水，源出太平头。北流经大园山班庙后，入栅里坞溪。

栅里坞溪，源出青岭西。西流经栅里坞，合村水，又西流合大园水，注于栎溪。

又西北流沿朗网山麓（有上木沉庙），至钱家山下（一名前瓜山），北流经杨树，东流沿下木沉庙（俗传有木客兄弟，贩木过此，木沉于水，痛哭自溺，里人为建庙于溪北，名木沉庙，至今所沉之木，犹在水底），经下西湖慈光寺水自西来注之，徐郎桥水自东来注之。

慈光寺，一名小溪寺，在小溪岭。俗传为梁灵智禅师结庵之地。唐咸通五年于岭南建通化寺，后废。宋潼川太守王文炳（《王氏家谱》作台州知州）遵母命，舍岭北住宅复建，故改题慈光，文炳六世孙千六舍铁万余斤，铸大小钟二，以藤悬之，历数百年不绝，后藤为人窃去，钟倾于地，易大铁索，再系再绝，亦异事也。寺前有方塘，产螺无尾。寺后有宋统制王琳、潼川太守王文炳墓，慈光寺水出小溪岭北，东北流受小溪岭水，又北流经横山麓洞家桥，注于栎溪。

小溪岭水，出岭东，东北流经小溪坞小龟山后，入慈光寺溪。

徐郎桥水，出丁家庵，东漏塘岗南，西流南折经石门槛，又西流出徐郎桥，经朝阳书院，绕杨村，过白鹤庙，受化中庵（康熙年间建，贡生余振撰记），水又北流，注于栎溪。西流过甘霖堰（康熙五十五年建），经檫树下（檫树山有明颍州州判郑天骏墓）受新店湾啸坞嘴水。

骆问礼《故颍州别驾郑君墓志铭》："公讳天骏，字德良，号尝轩。其先随宋南渡，世家暨之泰南乡。曾祖同知讳宏，字仲徵，初判饶州府，升怀庆，有惠政。祖讳琮，字叔瑞，授八品散官，始徙居今大部乡，为枫桥镇人。有后迁者故称旧郑云。考讳和，字半闲，授义官。母骆氏。公师事山阴陶天佑，同邑陈洙，年十六补邑附学生，循例入为太学生，嘉靖壬午，选授直隶凤阳府颍州判官，治行无缺，以不能诒事长官落职。始叔瑞公之来徙也于市西，半闲公徙市中，公曰：'是嚣且隘，非以善吾后也。'复徙今宅，当乌带山之阴。卒嘉靖辛亥正月十四日，生成化辛卯二月二十日，年八十有一。娶陈氏，次钱塘县姚氏，皆先公卒。子一元、一贯、一本，皆姚出。女适陈衮，陈夫人出也。孙逵，早卒；选、逢，一贯出；迁、迪，早卒，一本出；一元无嗣，选继。

曾孙之辅、之华、之士、之遗、之玉、之闰、之圭。"

新店湾水，源出新店湾（有元黄溍跋陈景传题壁诗石刻："黄溍《跋景传新店湾诗》："新店湾，在诸暨东北三十里，景传十八年间凡三题诗。顷予忝佐州，以故事诣郡府，道过其处，览最后所题岁月，盖余以督运吏居鄞时，景传携其子克让，来为予婿，尝寓宿于此也，追计之已六年，而景传与予永诀者亦四年，因次其韵，以志存殁之感，今相距又五年矣。偶阅书稿，不胜怆然，辄录为二通：一以授克让藏于家，一以寄新店主人，俾附后题之末。"今蚀）东，东流至幞头山下，注栎溪。

啸坞嘴水，出白茅山南幞头山后，南流东折，经关帝庙，入新店湾水。

又东流经胡公庙，沿幞头山（白茅山支峰，形如幞头，故名。山麓有明澧州知州郑钦墓）。

王华《郑钦墓志略》："公姓郑，讳钦，字敬之，号思轩。其先汴人，南宋时扈跸渡江，遂家于诸暨泰南乡，曾祖讳微，号七松处士。祖讳宏，南安府同知。父讳瑄，号慎庵，配王氏，弋阳令王公尚瑞女。生于宣德乙卯二月十五日，气质清臞，少从舅氏司教，先生宦学于无锡，年十九补邑庠生。成化癸巳应贡礼部不就职，乞卒业南雍。庚子，太师李文正公时以翰林侍讲主应天考试，得公文，拔第三，举进士。丁未循例授湖广澧州知州。州壤接苗峒，号称难治。公至，剸繁理剧，刃迎缕解，藩府旗校有倚势侵夺民利者，公悉置于理，民患苗劫，公严治以法，苗人私相戒饬曰：'毋生事以犯郑知州。'宁河泊渔利甚夥，当道有欲夺其利私亲，故者强公。公曰：'此民业也。'卒不为其所夺。

期望辄考课诸生，次第其优劣，明年擢乡试者四人，今大理评事周伟、监察御史李如圭，皆公品题者也。历官九载，未尝有一私罪，当道有索金于公者，遂弃官归，去旧居二里许，辟成'趣园'，作室数楹，题曰'凤山草堂'，凿池种鱼，径莳花木，日与亲朋游咏其中，非公事，未尝一跻公府。平生读书，手不释卷，为文若诗，刻意苦思。吴越中名山水，游览殆遍，所至皆有题咏。有《平居稿》《西游稿》《观光稿》《宦游稿》《归田稿》，今摘其粹，类为《思轩集文稿》若干卷藏于家。配骆氏。子天麒、天凤、天鹏〔正德癸酉举人〕、天瑞。女二。孙邦俊〔县学廪生〕、邦杰、邦臣、邦贤、秋阳、邦弼。孙女五。曾孙五。正德庚辰二月廿八日卒，葬于幞头山祖茔之右。"

又经白茅山。山跨泰南、长宁二乡，山峰秀峙，层峦如削，绵亘二十余里（有明弋阳县知县郑天鹏墓）。

骆问礼《故弋阳县知县郑君墓志铭》："余龀时，出遇肃衣冠、端举止、善谈论，峨然于侪人之中者，惊问曰：'谁耶？'或谓曰：'郑南溟公也。'曰：'彼仙者耶？'或者哂且叱之，余亦俯而笑。既稍识字，每至亲族礼义之家，顾壁宇几席多公翰墨，又惊曰：'是峨然于众人之中者耶？'或曰：'然。'曰：'若翁者吾乡里几多？'默不语，有长老漫谓曰：'公翰墨珍重海内，独吾乡与余未之信。'自后稍知学问，与其仲子友，始识公之真。而公亦谬器，不以后生见薄，每于众中语余，亦忘其尊且长也，曰：'此与吾儿并驱中原者。'既而公子不禄，余沉滞十余年始获寸进，公喜见于色，且愀然曰：'豚儿在不使吾子独步。'余亦怅然。至京师，每遇先达长者，必问曰：'某公无恙？'即继曰：'文翰犹昔否？'

其曾过吾邑者，不待余对，辄曰：'此老强健若壮，惜其以哭子丧聪矣。'或曰：'何日其仲子足继？'公而早世，咸相与惜之，然后始信公名之在世也。公捐馆，余与属纩，顾其家，图籍满架，曰：'是无传，望在季子，以累吾子可乎？'暨今无虑十年，愧无以答，而令子克念公命，交义若旧，偕其伯氏，谓余曰：'先人葬几年矣，墓未有铭，且先人知故，凋落已尽，非子孰能图之？'余不能辞也。按公姓郑，讳天鹏，字子冲，南溟其别号，世居绍兴府诸暨县之泰南乡。自公考知州，公始迁居吾里为枫桥人。正德癸酉领乡解七举进士，就弋阳令，不满考归。家甚贫，常不能给衣食，公不以介意。日惟诗文自娱，自少至老，手不释卷，四方索公文翰者，卷轴盈室。兴到呼其子侄，可意者申纸执砚，一挥百幅，故郑氏子弟聪俊者翰墨多出人，其得于公者深矣。令弋阳时，手书告示，好事者往往窃去，公不为怪，即复书之。年八十余，尚能于灯下手书蝇头细字。尝自言曰：'吾暨诗派，杨铁厓得其华，王竹斋得其实，华实并茂，后必有人。'盖以自负云。公平生少许可，且强直不能下人，视翁荣靖暨余从父楮山公皆后辈，同举进士，辄得第去，曰：'吾不能屡为乡里后生作长解。'遂不欲仕，人固劝之，始就为令，卒以强直归。家虽贫好客，夫人每为典贷治具。一日欲出，索衣冠。夫人曰：'已供客。'公不为意。呜呼！世称文人多穷，君子谓非文能穷人，盖穷而后工也，公非其人与。世俗丈夫，得为吏胥，皆能致有赢余。公世有禄位，倏然成寒士。然窃怪世有腼仕厚享，而寂无称于世者。公一令耳，先生长者，多知慕其风采，其所得于穷者多矣，以贻后人。古人有言，虽所贻不同，未为无所贻也。公生成化甲午，卒嘉靖丙辰，年八十有二，葬祔某祖某山之岗原。高祖讳徵。曾祖宏，历官怀庆府同知。祖瑄。父钦，澧州知州。母骆氏。伯仲五，公居四。故尝自称郑季子。娶骆氏，继金氏。子三：秋阳、元阳、少阳。女二。孙三：自显、自靖、自新。所著有《南溟存稿》《蓬莱亭草》《闽游倡和》《北行野操》《缶拊钟鸣》《炳烛正讹》等集。刻皆公手书。铭曰：呜呼！文而介，介故文；且名而知者以为荣，闻者可以兴，我识之茔，以待后之英。"

又东流过伏龙堰，又东流经溪沿村土地庙，又东流受幞头山水。

幞头山水，出幞头山南，流注栎溪。又东流经桥亭（村在桥南，村侧旧有万寿庵，久废。康熙四十六年僧德禧重建），东流北折，沿郝山（元王冕七世祖文焕舍小溪山宅为寺，子孙散处。冕曾祖迁居郝山，则郝山为冕生长故里也），受下宣水。

下宣水，出下宣东山。西流会邓村马塘水，注栎溪。

马塘水，出马塘山（有元孝子楼昇墓。杨维桢《楼孝子昇墓铭略》："诸暨乌笪山之麓，楼氏居焉。孝子初年，母有疾，刲股以疗。父有疾，怀香航海而祷于普陀，父疾瘳。后数年，孝子新所居庐，有土花发于中堂，枝叶类丹桂者，须缕缕而蕊粟粟也，里人以为孝感所致云。孝子讳昇，仲高字也。父讳尚，大父讳佑，曾父讳桌，配虞氏。子五：长曰逊，次曰信，先卒，曰仁，曰礼，曰静，俱清修好学。孙六：其长曰昌，先卒，次芝，次钰，次琰，次琳，次珩。女适孝义吴海。至元庚寅七月九日，生之辰也。至正辛丑五月一日，卒之辰也。享年七十阅七月，乃克葬于长宁乡马塘山之原，实乙巳之十二月十一日也。仁来乞铭。铭曰：孝与悌，人之事；天爵修，人爵至。数或奇，德乃懿；箕畴九五不及贵，寿考终行勿愧铭。以昭之千古永闭，惟后人之利。"）东西流受邓村水，出南泉畈。经桥亭东，入下宣水。

邓村水，出尖湾山（山下有田，名澧邱，泉自田中涌出，可溉数顷，大旱不涸，名南泉）。西流经邓村，又西合马塘水，西北合流出南泉畈，入下宣溪。

又东流绕狮子山北麓（山麓即郝山下），出栎桥（明嘉靖年间枫桥人楼守道建，万历时知县陈正谊修，道光己酉，五十三都兰台里人赵油重建，咸丰元年翰林院编修兰溪唐壬森撰记），曰栎桥港。绕眠牛山东流，经郭店（诗人郭毓故里），又北流经洄村（明广东参政周文焕故里）燕头山，过上下二堰，经丁朗庵，出丁朗桥。又北流过江口堰（江口村山有元东岑居士楼谦墓。杨维桢《楼恭叔墓铭略》："恭叔，讳谦，号东岑。曾大父臬，祖文考，尚俱业儒。至元丙戌五月二十八日生，至正壬午八月八日卒，年五十有七。配丁氏，先卒。子惟志。孙幼学。是年十二月十日葬于江口山之麓，丁氏祔。铭曰：呜呼恭叔，志远而局，引长而促，匪人之不禄，将天之不淑，呜呼恭叔。）出常安桥，受白茅山水。

白茅山，在县东二十五里，水自山下北流（南麓之水入高湖），东折经宣家坞，又东流至魏家，又东经冯村下庙（元双溪书院山长杨维翰墓在冯村山），又东流经叶村南，东隅受香橼岭水，又东过鲇鱼山，又东流经白浦村白浦庙，又东经上庄，又东入栎桥江。

香橼岭，在县东北三十里，水自岭下东北流（南麓之水，由陈赵坞入东江），至叶村西南隅，合鼓楼山水，又东流至叶村东隅，入白茅山水。

鼓楼山水，出鼓楼山顶。东流经关山坞，又东流至叶村西南隅，合香檫岭水，入于白茅山水。又北流出霞朗桥，过霞朗桥堰，西流经溪下（岁贡生魏家驹故里），过霞朗园，又北流至鹳乌嘴山，受橡山水。

橡山水南源出白茅山，北源出蓝家岭里（岭北有云霖禅院，明崇祯八年魏龙华建，一名蓝家庵。橡山腰有凤山洞，高丈许，容数百人。咸丰辛酉，乡人多避兵于此。又有橡山泉，自山底涌出，阔只尺许，可溉田数顷，大旱不涸），东流经攀辕岭。岭自白茅分支，绵亘二十余里，南列崇岗，北枕泌湖，为县东胜境（有攀辕岭庵，顺治年间，橡山村人魏霖龙建，光绪二十一年重建），又东经魏家坞（元广东道宣慰副使魏友敬故里），魏氏太廉堂家祠前（祠左为里伏虎山，有魏友敬父魏重墓），又东绕石灵山，山高数百仞，上有大石如镜（山峡有庙，名石灵庵，为魏氏报赛之所。每岁十月，庙会颇盛。庵后有西岩家塾，则魏氏义塾也）。又东北流至龙山庵，受骆家岭水，注于栎桥港。

骆家岭水，源出西坞，东流经上山下"问花山庄"（魏崇简读书处），至龙山庵，入橡山水。又东北流经蛾眉庵（在霞朗桥村北，康熙年间建），又东北流出行者桥，经杜黄山下，又东北流出杜黄桥，又北流经泌湖三贡塘，又北流经泥堰头，又东北流至杜黄港口，注于枫桥江。枫桥江，汇栎桥港北流，出上木桥，又北流经金九渍，出下木桥，又北流至塞江口（一名缩江口，堤北为新沥湖），东泌湖港自东来注之。

九里山，一名煮石山，在县东五十里，属东安乡。元山农先生王冕，自郝山下隐居此山，自号"煮石山农"。旧以为在山阴九里者，误也。弘治《府志》谓在余姚九里山，更误。详见后。王冕《九里山中诗》："九里先生两鬓皤，今年贫胜去年多。敝衣无絮愁风劲，破屋牵萝奈雨何？数亩豆苗当夏死，一畦芦穄入秋瘥。相知相见无多论，笑看山前白鸟过。九里溪头晓雨晴，松风瑟瑟水泠泠。绝无过客问奇字，只有闲云到野亭。每笑盛名传坎壈，岂陈虚语说零丁？老年恰喜精神爽，合得仙人相鹤经。"《又归来诗》："湖海飘零久，归来依旧贫。顾无青眼友，喜有白头亲。篱菊留余色，庭梅放早春。溪翁早相访，杯酒接殷勤。"

东泌湖之源出焉。北流过山塘畈，受马岭水。

马岭水，出岭西，南流过楼家墙下，又西南流经朱砂坞（有朱砂塘，俗传塘出朱砂），又西南流受潘家坞水。

潘家坞水，出小马岭北麓，北流经潘家坞，又北流西折入马岭水。

又西流经鸡山庵（嘉庆间潘节妇包氏建），南折经营盘（明胡大海屯兵处，地近九里。宋濂《王元章传》谓屯兵九里，即今之营盘也。故明兵得入王冕宅，顺道舆至天章寺，后人误以为冕隐居山阴九里，则非顺道矣。又明正德辛巳进士兵部主事陈赏墓在营盘杨柳山，明旌义士陈元璧墓在营盘竹头山），西流过山塘畈，合九里山水，经乐嘉桥前湖，会枫桥江分支，北流经后湖，又北流经骆家圩，又北流经上乌程，又北流经下乌程，出乌程桥，为东泌湖港。又北流至下沙圩，受前阮畈水。

视瞻山，俗名古塘大山，在县东六十里，属东安乡，前阮畈水出焉。西流过前阮畈，南折经乌程山（岁贡生象山县学训导骆炎墓在乌程郑家山），西流至下沙圩，注东泌湖港。

又西流绕大王湖，折而北流，经包家湖，过下宣畈，受下宣步水。

下宣步水，亦出视瞻山南麓，西流过石塘下（一名述唐厦），又西过下宣畈，又西过下宣村，又西注东泌湖港。

又西北流出下宣桥，又北流穿菱荡，受千岭水。

千岭，在县东六十里，属东安乡（明封陕西左布政使署江都县知县陈鹤墓在千岭亭山峰），水自西流经千岭下傅村（屠倬《千岭诗》："仄径穿云直，阴崖背日开。越山千万曲，一曲一低回。"村西有济云亭，光绪间陈秀云建），又西流经宜仁村后畈樟树桥，受地岭溪水。

地岭水，出岭西。西流过山头堡，又西入于千岭水。又西流受古塘水。

古塘水，源出视瞻山（山下有视瞻庙），西流经古塘村（义士陈朝云故里），西南入于千岭水。又西南流过宜仁村前畈（明按察司佥事虞以文、国朝扬河通判赵南觐故里。畈有又新亭，光绪二年诸生王传诏建），又西南流出双美桥，经上下新湖，又西流穿菱荡，注东泌湖港。又北流经菱荡，又北流汇檀溪。

腊岭，一名兰岭。在县东北七十里，属东安乡（岭北为山阴兰亭邑，诗人王冕墓在也），其南麓，檀溪之源出焉。西流绕马面山北麓，又西流过下章，受西山头水。

牛门岭，当兰岭迤北（北麓之水入白塔湖），西山头水之源出焉。南流经西山头村西南流注檀溪。

又西流受马面山水。

马面山水出马面山（义民包立身屯兵处），西流过包村。包立身故里。同治元年敕建忠义祠，又有义民冢，葬包村殉难忠骸，分十二矿，矿横十二丈，径四丈，四旁砌石，围以砖墙，门额题"青山有幸"四字。

李慈铭《吊包村文》："伊作雒之元月兮沴妖氛于斗躔，敺越纽之失戒兮儳狂彗之刺天；伟一夫之奋臂兮集撄矜于市廛，惟兹村之垯虬兮实包络乎万山。六峰窈以环喝兮古博蠢而巉岩，错暨阴而馆鎈兮襟越婺之喉咽；羌谁何之氓隶兮肆筋力于服田，皇降灾而弗造兮乃征妖于石言。异鱼书之陈胜兮接神君于侯元，白虹幻而为叟兮讟虫沙于几先；诓猿公与素女兮胡苞铃之浪宣？遂唱呼以杀贼兮顾坞壁之不完。各苍黄而入保兮结牠落而为藩，贼连屯以迭攻兮猝殒渠于鸣镝；纷尤来与大枪兮闻唔恶而辟易，俨赤手而搏蛇兮眵剑光于一映。惨瘅人之毕赴兮骨纠族而尽室，登草间于乐土兮聚鬼雄于一坯；计相持甫及期兮已毙贼而盈亿，朝骥骑而蔽山兮夕苣火而烧川。共欢呼而出荡兮馘封豕如刈营，妇女迎门而笑兮儿童执戈以后先；数狻齿与獐头兮挂累累而满鞍，尸塞涧而不流兮血沸谷而尽殷。贼营扰而夜惊兮闻风吹而胆寒，遁伙颐之沉沉兮遽夜郎以自大；树素旌与白羽兮皓衣冠而更制，易纪年为杆枝兮习登坛之封拜。岂妄觊于非分兮翳不学而示异，筑通天之高台兮佹百丈以霄峙；日候仙而通辞兮恍云车之来至，维古塘之山侠兮互屯守而唇齿。失犄角而不救兮曰神言其有俟，长围合而罔觉兮汲道绝而靡恃；女妭赫而昼游兮炎涤涤而如焚，屏翳法而弭节兮燎草木于歊氛。日掘坎而饮血兮罗雀鼠以当飧，盼鬼兵而不下兮天惨黯而不云；地槁暴而欲裂兮凄择音而无门，尸枕藉而午路兮聚号泣而雷殷。值元黓之厉月兮忽炮震而昼昏，舞梯冲于楼上兮突队道以穿垠；怅矢尽而弦绝兮鼓声死而不军，睹黑膏之压垒兮俄山倾而谷崩。人植鳍以决死兮并万命于一息，骨撑拒而不仆兮手白桮而僵立；或嗫血以肆骂兮或衔须以待绝，怜名闺之婉娈兮支玉颜而殈殢。奋发屋以掷瓦兮骈窈窕于刀质，嗟楚南之老守兮（山阴田祥）早抽簪而解绂；思从事于焦原兮竟涉帑而遽没，隶儒冠之秀髦兮咄牵连而种殛。郁贞姿与烈操兮胥爆烟而沃雪，数望计及望孝兮争湛族而效节；痛主客之十万兮闪尸林而莫识，尚摄帻而血战兮率死士而溃围。骁李波之小妹兮持半段以并驰，抵马面山名之崎岖兮愁阴结而四陨；贼蚁附而数匝兮犹荡决而霍挥，终力竭而俱殒兮持毅魄而同归。当东南之鱼烂兮举列城如振落，蘌兹村之突兀兮竟喂毒于鲛鳄；贼鸱张而狼顾兮遂芒刜而气索，瓯闽得以缮备兮婺师得以联络。异阳人之名聚兮实媲功于睢阳，吏列状以入告兮语诏并祀为国殇；峙高冢而表碣兮锡特庙于蒸尝，埋碧血而不化兮结阴磷而回皇。享泰厉而无咈兮永教忠于明堂，薄日星而上升兮勿冥聚而为殃。"

又西流经后旺村，又西流入檀溪。又西流经葫芦岭（屠倬诗："十里不见人，但见松阴直。径转松亦转，半松半山色。"）又西流经暮青山（山有安隐寺，唐咸通间建。广明二年赐名国庆院。长兴二年重建，改题溪山院，宋改今额。同治壬戌毁于兵，僧茂山募修）。又西流过上檀树头，又西南折经大沥畈，又西北折过下檀树头（顺治乙未进士、广西左江兵备道虞宗岱故里），又西南折过檀溪庙，南出檀溪桥，西南流经赏家湖，西流穿菱塘，注东泌湖港。

又西流经捣臼湖南，又西流出二洞桥，经白塘湖南，又西流出七洞桥，沿阮家步（步有市集），西南流至塞江口，注于枫桥江。

又西流经上山头（村东北隅绣球山有圣姑祠，今圮），出柱石桥（明吕希周有《柱石桥记》碑，今存。俗名上山头桥，光绪二十六年重修，并于桥旁购地，添设浮桥，疏水道，利行舟也。桥东江边有井，去江仅咫尺，旱不涸，潦不涨，清浊不相蒙，亦异事也），西流绕山下湖，过钱石渌港口，北折经下宅畈，又西流经马塘湖闸头，有湖水出闸注之（湖内有珠山，后倚詹家山，山有大墓，葬同治元年殉难尸骸之暴露无依者，题曰"六百人墓"，举成数也），又西至邵家步东，银河港自南来注之。

鹳鸟嘴山，在县北六十里，银河港之源出焉。东流过陶家行者桥，沿杜黄山下，绕老鼠山，又东北流经杜黄庙，又北流受杨树坞、矾葭岭水入西新湖西，出抱子闸。

骆家岭，杨树坞水出焉。东流北折，至杨树坞，又北流过埂头，入西新湖。

老鹰山，矾葭岭水出焉。东流北折，过志存房，入西新湖。又西流受大宣水。

青菜山湾，大宣水之源出焉。东流北折，至大宣村（元淮东道副使王艮故里。亦名水南村，艮父王理旧居。理自号水南先生。案：王冕《竹斋集》有《次韵答王敬助诗》，有《寓意次敬助韵诗》，又有《与水南王德强诗》。分见《坊宅志》及《杂志》。则当时水南人物，似不止王理一人也。又明江西提学、佥事王钰故居，亦在大宣，后徙店口），又北流注银河港。又西流受攀辕岭水。

攀辕岭水，源出岭北。北流过谢家真武庙，受王家坞水，入小溪湖北，出银河港。

鳗山岭，王家坞水出焉。合王家坞村水，东流经新庄，至钟家前，受寓村水，又东合菜篮湖水，入小溪湖。

寓村水，出宜桥村里山，东流至寓村，受戴家岭北水，又东流过钟家，入王家坞水。又西流受墙头水。

银锭岙，墙头水出焉，北流注银河港。又西流受石家弄水。

石家弄水，源亦出银锭岙，北流经银冶庙（在庙弄畈，咸丰辛酉毁于兵，同治丁卯重建，庙倚银冶山，山石闪铄有光，熔之有铅，拣铅得银。俗传明时于此置银冶，故山名银冶，水曰银河港。山有桂树，大数十围，高十余丈，垂荫数亩，香闻十里。有赵方氏捐田建庵于此，今废），绕虎山，又东北流注银河港。又西流出石澜桥，又西受后岸水。

福清岭，后岸水出其东。（旁有延祥寺。隆庆骆《志》："延祥寺，在延祥山，晋天福七年建，初名福清院，宋时改今额。"）东流过宣烈妇祠。（祠前有下堰池，亦呼尽节池，池上有宣烈妇殉节处碑。余铨《福清岭挽宣烈妇诗》："涧道泻春泉，岭云送迟日。此道识贞松，不改岁寒色。灯下缝衣裳，从郎泉路去。衣留嫁时颜，认妾郎无误。"）茶坞水自东来注之。

茶坞水，出茶坞，西流入后岸水。又东流过上宣东北，流过下阮，又东北过屠坑，又东北经四绯庙，受筱岭水。

筱岭水，出筱岭东南（北流之水，入江藻溪），东流至四绯庙，入后岸水。又北流过竹浦畈。又北流经后岸，入骆家湖。北出银河港。又西流会箬溪。

箬溪，源出箬坞。东北流经杨枝山头，东注银河港。又东流北折，复西北流经西陡亹，出木桥，过弄子口，又西北注于枫桥江。

又西流出邵家步桥（明万历时，铁船和尚募建。和尚俗姓詹氏，披剃蛾眉庵，庵去邵家步三里许。桥左旧有永宁寺，旁供和尚像，后寺毁。乾隆间，僧永修重建。同治壬戌，寺又毁，而和尚像至今尚存。光绪间寺与桥俱重修），受白狐岭水。

白狐岭水源出白狐岭。北流过金竹塘湖，又北注枫桥江。又西流经猫山头，北折过鸡笼石（石在长山尽处，枫桥江中），北流西折，过小顾家，又西流至大顾家，出四港口，会下东江。二水会处，水势漩环，俗名磨心潭（顺治三年，顾氏三烈投江殉节处）。

戴殿泗《磨心潭义烈行有序》："暨阳江中有磨心潭。顺治初，顾节妇石氏、姚氏及邻婢蔡氏避山寇，殉节于此潭，化为阜。蒋孝廉载康以文征诗为赋此篇。磨心潭中一阜嵌，是阜非阜三烈心；顾家妇石年十八，鸳鸯机断奉翁活。从娣十四其氏姚，早遣邻蠡识冰雪；纷纷白马绕江来，芦苇丛深鸡唱哀。棹舟西匿棹舟返，四江汇水倾霆雷；宵深月黑江无底，得义不知江是水。氏姚跃入蠡从之，节妇节甘之死靡；三心一气天风号，沉沉砥柱无尼涛。上感九重郁穹表，下彻大地连灵鳌；东川文雄三径豪，闻声未识面久挠。蜚笺纪实出金石，为赋磨心潭行当云璈。"江东为白塔湖，西为西施湖。隆庆骆《志》云："概浦乡司法参军杨钦筑，围植花木于此，繁华美丽若西施，故名。旧有汇，俗称顾家汇。明知县刘光复直之。《经野规略》所谓'开西施之河'者，此也。"北流经三烈坊前，至白塔斗门，有白塔湖水西流出闸来注之。

白塔湖，在县北六十里，当紫岩、西安二乡之间。东受山阴县碋石岭、上岭、倒山岭诸水，合流西折，至关口（地当东安、紫岩二乡交界。旧有紫岩寨，设巡检司，故名。后废。在县北八十里）入境，西流绕出长安山麓，至黄阔（即宋之黄阔里，旧有市，今废）

始称黄阆溪，南受蛟岭溪。

蛟岭，在县北八十里，属东安乡。水自岭下北流（南麓之水入东泌湖港），径（经）梁公舍，东会苦竹岭溪（岭东属山阴），又北流受牛门岭溪（岭南之水出西山头，入东泌湖港），又北流至马坞（坞东属山阴），东受马坞溪，合流出华家桥，入黄阆溪。

合而西流，有乾溪坞小水入之，又西流出黄阆大桥（溪北平进山有修惠寺，后唐长兴五年于古资圣院基改建，宋太平兴国元年改精进院，后改今额），经黄阆村，又西流至袁村（村在溪北，后倚蒋墅岭。屠倬诗："劫火成今古，溪藤不可攀。言从蒋墅岭，遍历暨阳山。"溪南为阮家店，为汤山，各有散流注之），经新凉亭，又西流北折，至董公，入白塔湖（白塔湖，三面环山，东路之水尽此。南北两岸，水皆散流。湖内汊港纷歧，未易纪述。今姑以董公为主，分三条纪之。董公南为唐厦，有葫芦岭小涧北流经唐厦村西，折至督江头入湖。唐厦西有傅村岭小涧北流，绕鹫峰寺前。寺不详所始，乾隆间寺僧瑞兰捐产入毓秀书院，今寺已废。又北流经傅村，至沙埂头入湖。傅村西为王村，有小千子墓山。王村西为白浦。白浦西有山隆起，曰大贝山，亦曰何家山。明泾国公蒋贵祖阡在焉。俗呼千子墓。山下有泾国公墓表。郭毓《千子墓诗》："万千气象耸云霄，隐隐湖山入望遥。吉壤牛眠论禁穴，通侯虎拜冠群僚。青乌有验灵光显，白塔无边众水朝。闻道云仍犹未艾，他乡簪绂珥蝉貂。"墓表西为何家山村。光绪乙未进士何荣烈故里。里西有宣烈妇祠，里人何宏基建，祠前为通衢，即烈妇于归时折舆杠处。祠后山上旧有何山义塾，道光间里人何纲捐建，今移建湖滨。何家山西为广山。广山西为詹家山，山麓有埂，南北横亘，名"杨救夜成埂"，为白塔湖与马塘湖分界处。埂之北有藕山，亦名长山。山尽处有石插入枫桥江，即鸡笼石也。此为白塔湖南条之山。董公北有小山，有"曼胜庵"，修竹幽篁，地绝尘嚣。国初心湖蒋山人隐遁处，其旁则山人之墓在焉。曼胜庵迤北为东何山，下有何烈妇祠，祀诸生何检妻屠氏，祠迤西为金牛岭。屠倬诗："樵径盘山脊，坡陀折几□？金牛不可见，云气万羊来。"岭迤西为西何山，宋于此立盛后里，里为宋国子博士周靖故居。靖以岳忠武遇害，力丐罢官，闻邑有中州风，徙居焉。后子姓繁衍，迁徙四出，今里中有村名花园者，犹其后裔也。盛后里迤西，即宋之白栎里，明隆庆戊辰进士蒋桐故里，村后有鹤尖山，耸然高峙，与千子墓隔湖相望，形家谓为千子墓，特朝之峰，山下有土地祠，明时山有虎患，里人无敢樵采，有蒋律天者，年七十余矣，入山毙虎，患遂止，乡里德之，其卒也，肖像祀之，水旱祈祷，颇有灵应。祠南阮家坞，其墓亦在焉。土地祠西有宣妙寺。隆庆骆《志》谓在七里山，误。唐咸通二年建，初名妙兴院，后改今额。乾隆间，戴里蒋载康注经于此，今废。宣妙寺西为上冯岙，宋皇祐己丑进士冯滋、绍兴乙卯进士冯耀卿父子故里，旧有"闻莺馆"，今废。上冯岙西为丁家，又西为竹鸡岭，岭西为蔡家山。山下有埂横亘，名新塘埂，为白塔湖与历山湖分界处。明天启二年，戴里蒋重良捐田创筑，即《府志》所谓新塘是也。此为白塔湖北条之山。董公西有螺山，山下为金家站村，光绪庚辰进士金毓麟故里，山断处有太平桥，湖北之水出焉。桥西为覆船山，又西为剑山，山断处有环翠桥（湖北之水亦出焉），桥西为浒山，山下为心湖山人故里。浒山西有旗山，山之阴有"康泉"。

冯梦祖《康泉记》：“杨梅之山（别名旗山）有蹄涔焉。上倚崖麓，下涵亩区，径围三尺许，度深十有余寸。洪霖不盈，暵旱不涸，流微注于田间，野夫牧竖之所濯，蜎蛟禽鸟之所嘘，曾未有人引瓻而挹焉。蒋子康侯炎暑行亩畔，郁蒸暍干，涤手抔饮，色白而洁，味洌以甘，腹爽而体为之快。汲以归，炽炭烹茶，嚼然不滓，信宿无渝垢，嘉赏甚，因以字名之曰‘康泉’，由是知味之家，担揹柄瓮，攘攘遍乡间。噫嘻！斯泉亦何幸而遇蒋子耶？水之为用甚奢，生于天一，成于地六，得夫气之正者甘以洁，否则浊而秽矣。所以霜雪液清，雨露润甘，江湖之中，间者佳味，彼夫河海涧址之水皆水也，不可以言泉。而泉之佳者，多出深岩幽壑中，高人逸士，品题评骘盈十百家。他不具述，武林所最著虎跑六一，而白沙次之。上者购钱弥百，次亦半焉。其泉沆隐丘壤间，樵牧禽虫之所亵，而一经蒋子之赏，乃与虎跑六一，声价相伯仲。泉因蒋子而著，亦因蒋子而传。人之与物，相遇有时，而相著亦有时。刘蕺山以山名，陶会稽以郡名，而蒋子乃以泉名。古来声名奕著之辈，所在多有，或一传，或再传，而湮没者不可胜数，而此泉将历天地而不毁。泉因蒋子而著，蒋子亦因泉而传，两相传，两相著也。天下贤人君子众矣，学贯天人，道崇今古，当其伏处时，自分与林壑为伍，村童市僧，皆得傲而睨焉。一旦遭遇所知，升涂泥而上青云，揖让于王公之前，登降于卿相之府，光溢天壤，名流奕襆，亦犹是也。世有知希之人，毋炫毋傲，其亦有感于斯泉。”（雍正间知县崔龙云爱此泉，置水递，若东坡之于惠泉。山之阳为蕺里村，即元之临川里。明孝子蒋子浚故居，有“经篚堂”，其元孙蒋载康读书处。右有指川书塾，嘉庆间蒋元瑾、元珑建，延师以课族人，今废毁垂尽。旗山尽处濒东江，即斗门步。郦青照《晓泊斗门诗》："落月辞残梦，推篷霜满滩。乌啼知夜曙，人语带春寒。茅店争初客，冰盘劝早餐。里湖船更小，摇荡惜波澜。"此为白塔湖中条之山）。

湖水至蕺里村前，会而为一，合流西出回龙桥，至斗门出闸（闸有二，详《水利志》），注于东江。

又迤西流经华家（明江府长史华岳故里，旧有官渡，后废。今乡人酿钱设之），折而北流（东为历山湖，西为鲁家湖。各有闸，水注于江），至王家步（顺治丁亥进士蒋尔琇故里）。里东蒋湾山，其墓在焉。

余懋栋《博庵蒋公墓志铭》："公讳尔琇，字秀玉，世居诸暨。父讳一禄，字养廉，太学生。母蔡孺人。生三子：孟尔瑛、季尔珪、俱邑诸生，有声。公其仲也。生而卓荦，读书不屑治章句，以文武大略自负，为文奇崛奥衍，宗先秦诸子，举顺治丁亥进士，出李君门闱中，得公卷，质于同考刘君。刘君叹赏曰：'此必越蒋某也，奇士宜亟荐之。'盖公尝以所业就正于刘，刘固阴识之也。榜发，公谒李，李语之故，并谒刘，刘得刺，遽出见，连称曰：'奇才奇文。'初选新城令，未赴，丁内艰。时王师新定浙东，暨界连四邑，山寇蜂起。公读礼家弄，练乡人子弟以自保，号令明肃，寇不敢犯，乡人赖之。石仲芳据紫闻，聚众数万，民人苦之。邑令朱之翰、山阴令顾松交，皆公同年友，荐公于中丞，委以抚事。公慨然力任，以计缚石妻子，复厚待之。石且惊且喜，犹豫未决，公突入其巢，指陈利害，晓谕百方，出子侄为质。石感泣，遂就抚，立散其党。而剧盗陈瑞独侠去，公疾出乡兵掩袭之，贼众惊窜，多赴水死，邑赖以安。服阕，授河南原武令，中州经闯贼蹂躏，民穷多盗，城市萧然。公至，咨疾苦，劝农桑，申严保甲，指授方略，屡翦剧盗，邑蒸蒸有起色。顾性耿介，不诡随。邑某甲素庇盗，有巨盗就捕，公方讯治，某甲嘱绅士之有力者，行千金为盗请命。公坚持其狱，盗伏，辜词连某甲，某甲惧，造蜚语中公，竟落职。归与昆弟故人为'文酒会'，浩然自得，无几微不平色。遇邑有大事，未尝不以力任之。为人慷慨直谅，与人交，无城府。为怨家所诬，几至覆家，不较也。好周人急，不问家人生产，晚益落处之泊如。卒年六十二，卒后三逆继叛，海内骚然苦兵。定武李文襄以督师驻节三衢，思得智谋雄略之士，遣价以书币聘公，而公已下世矣。元配俞孺人，后公二十余年卒，年八十四。生三子：长三古、次三辰、俞出。次骆观，侧室刘出。俱庠生。女二，俱俞出。长婿祝宏疆，山阴庠生；次即吾父讳毓湘，赠文林郎。孙男十三人：宣奇，登辛卯贤书。曾孙十九人。元孙十六人。初公与孺人之葬也在白栎畈，后数十年，形家争言不吉，遂以乾隆八年八月十日迁葬于蒋湾东山。敢书所知而为之铭。铭曰：桓桓府君，才兼文武。遇蹇一时，风垂千古。东山之阳，新迁协卜。窀穸万年，以昌似续。"

又折而西流，过夹山弄，两山夹峙，江水至此一束。明知县刘光复凿而深之。《经野规略》所谓"铲江中之石"者，此也。又西流经社坛前（坛在江北山上，坛旁古木葱郁，苍翠荫地，盖明时乡社坛遗制之仅存者），又曲折至三江口，会西江。

六、《浙志便览·诸暨县序》

诸暨，在府西南百二十里，东西广百六十里，南北衷百一十里。

北至萧山，百六十里；南至义乌，百一十里；西至五泄山界富阳、浦江皆五十里；东南至宣家山界嵊县八十里，征地丁四万四百余，漕项九千余，学额三十六名，令典谕训，县丞左营把总各一，兵二十名，邑丝捐丝厘二千馀茧，厘七千馀，佐贰办。邑水来自浦江，入境分二派：一为上东江，一为上西江。至丫港口合流，名浣江，绕城北流，引入城内为学湖，下游亦分下东、下西二江，下东江受乌石溪、泌湖诸水，下西江则元天历间开浚受五泄溪、紫草溪诸水，俱合于三港口，经临浦抵郡城。明宣德中，始筑坝阻截，改由临浦塘外出钱塘大江，自省至邑航船一夜可至。泌湖在邑北，五十里堤防最要。邑山径纷歧，旱道直趋缙云仅四五日程。金涧山距邑南六十里，下有金砂。苎萝山在邑南，即勾践得西施处。邑城枕山襟溪，明师自杭取温，力争其地，发逆时邑包村义民包立生，阻水与贼抗，威名甚藉，迨后官军营于城南五纹岭，城东金鸡山方议固守，而贼由浦江抵富阳，出和尚岭，渡临浦，绕邑城之后，遂陷邑与义乌，浦江毗连肩贩私盐最多，左侯改行票盐之后，于破塘、娄公、漓渚等乡设卡抽捐，每斤钱八文，合前抽四文，共足十二之数，使与正盐相辅而行。考浙中盐政原额，并新增销引七十万有奇，按定某场销某处引，例禁綦严，然价愈昂，则销愈滞。近日苏松常镇岁销十四五万引，只认十万尤小焉者也。现时部章每斤加价二文，而浙省得钱三十万缗，湘省仅得银十万两，则减半矣。闽省岁收盐课二十八万，盐厘八万。谭督钟麟欲并此盐厘而奏减，则更滞矣。盖缉私过严，不佃生变，而例载肩挑四十斤度日者不得指为贩私，亦殊多蓼辖，所以郡中侥砂，常驻委员在彼收买私盐，岁由商人包课六千两，亦不得已之策也。

七、《诸暨民报五周年纪念册·水利问题》

诸暨东西南三乡多山，北乡多陂泽，山地积高，水易涸，故宜蓄；泽地低洼，水易潴，故宜障。蓄则筑堰以溉之，障则筑埂以导之，然夏秋之间，钱塘之水，挟海潮而上，惊浪驾风，与浣江相激，怒涛倒流，冲雍回薄，渟潴积蓄，淫溢而不能出，故宜泄，泄则建闸以节之。堰埂闸三者，诸暨水利之所关也。自明万历间，青阳刘公，凿渠培埂，江流始畅；又著《经野规略》以垂法守，凡宜禁宜奉行者，皆分别著之，法至详也。乃年久弊生，船户带沙之令弛，沿江种树之风长，沙积日高，江流淤塞，水害频仍，饥寒交荐，于是不得不为补救之策。其策唯何？则培埂是也。然埂愈培则愈高，愈高则愈危，冲决不时，而泛滥横溃之祸，且更甚于前。汉贾让之言曰："夫土之有川，犹人之有口也，治土而防其川，犹止儿啼而塞其口，岂不遽止，然其死可立而待也。"故曰："善为川者决之使导；善为民者宜之使言，岁费巨金，仍不足以澹昏垫之灾，此浚江之议，所以不可或缓也。书称禹抑洪水，抑其江河而利导之耳。"……至推原诸暨水害之亟一由于泌湖之盗为田，二由于江东畈旧道之阻遏；旧道阻遏则东西两江之水皆汇灌于太平桥上而不能直下，横决衍隘，职是之由。光绪二十四年，绅士徐职著《治水说》略曰："昔禹圣之治水也，凿龙门，辟伊阙，折底柱，破碣石，逆者顺之，迂者直之，隘者广之，塞者通之，顺水性而已矣，非堵塞而曲防焉。是以山川砥定，民与水相安而不争。至于列国王政不行，齐与赵魏各筑石堤以自卫，遂使邻国以为壑；然犹各去河二十五里，尚能容水，不之为患。盖天地之间，万物各有其所，山自有山之所，水自有水之所，田自有田之所，各得其所，则相安而不争；后世生齿实繁，私心日炽，惟求一己之利，罔顾大众之害，遂将山谷川泽，尽筑为田，以致山水失其所，不得不与田畴争厥居矣。迄汉后元十二年，始有河决之患，治之不得其道，历千百载而患益甚。若暨邑之水患，大小虽殊，其弊一也。盖暨邑之水，源出东白从曹娥江而入于海，此自然之水性也，何尝为患哉！迨有元至正间，萧县主崔嘉纳见山会萧之卑下，土非上上，因筑麻溪坝以塞暨邑之水，开碛堰而使入于钱塘江，当日第知收山会萧三邑之利，而不知麻溪一塞，水失大道；碛堰一开，潮入于暨，此诸邑水患之第一端也。是时泌湖尚能容水；而埂外犹多隙地，小雨不致泛滥，后因前明倭警，泌湖变卖筑城；江滩占种竹木；筑捺私埂，江存一线，水无所容，此暨邑水患之第二端也。此后水患日甚，民不聊生，至万历戊戌冬，幸遇刘贤侯莅暨，见斯灾患，殚竭捍御，法夏王之治水，从贾子之疏河，沿山阜以为限；因缺陷而筑堤；去迂通塞，清源广流。从山川断续以分疆；量工力难易而定额，底者为湖留荡田以容水；高者为畈，疏堤防而杀势。早知县上二十馀里之江面（自注西江留定荡畈、湖外畈二十里以容水，东江留徐家溇三四里容水），非太平桥五洪（二十五丈）所能□，故以江东畈为县上出水之路（名曰龙路）。所以不筑大路埂者，以杀东江之水势；不筑百丈埂者，以杀西江之水势；禁筑后村埂者，以免下流之阻塞。小水不使入畈，大水任其过田，亦量水势，顺水性而已矣！非有所堵塞而曲防也。故江路深广，水得休息，游波宽缓而不迫，永无泛滥崩决之患，深谋远虑，诚圣人也！是后暨民之富庶称极盛焉。苟能世守成规，虽万世岂有水患哉。讵知乾隆年间，江东畈之民，不知刘公之深意，妄改经野之良规，于是筑百丈埂（在金鸡山上卂埂下），以塞西江之下流；道光年间，又筑大路埂（在街亭之下，松山之上），以塞东江之下流，遂致县上之水，无从所出矣。此暨邑水患之第三端也。又道光初，金陵土稀人稠，其民散至四方，无所得食，因而乞山垦种，大获其利，名曰"棚民"。土著见其厚获，日多效尤，愈种愈广，漫山遍谷，乃不知山以草木为皮，皮破则沙石下流，虽欲江身之不填淤，不可得也。沿江之民，又争取地利，不顾大局，或栽竹木，屹若崇墉；或筑田庐，竟成坚壁，江高田低，畈亦成湖，凡囊之留以容水□水者，今皆添筑私堤，塞其故道；江身日蹙，曲防日周，以致江狭似喉，受流若咽，水失其居，安能不东崩西溃耶！是民占水地，非水侵民畴焉，此暨邑水患之第四端也。丰治间，犹或数年一决，民力未困，立时筑复，早禾虽淹，晚禾有收；迄光绪纪元以来，日甚一日，崩决之患，殆无虚年，民穷力绝，一遇冲缺，往往不能及时补筑，以至早禾既没，晚禾复溺，终岁无获，民不堪命；富室立致困穷，贫民更多流离，将来灾害，有加无已。凡在有识，莫不疚心，苟非谋画长策，何以救此生灵焉？或曰'禁山则江自深'，殊不知千万山民，以垦山为业，禁之则绝其命，且官能禁而不能守，安能绝其根株耶？或曰'用机器以浚之'，殊不知沙之填淤不止，江底两岸，皆已厚积如山，而机器只能豁沙于江边，不能移之于堤内，若以人工运之，正所谓恒河沙数，民力有所不胜，至于县下之江，已与海平（自注从极涸时观之，水已平定）。浚之尤属无益，且源既不清，流复易淤，既为难成之功，更非久远之计也。或曰用'铁篦箕''混江龙'导沙下流，日久自通，殊不知江但逆潮，人能导之使下，潮能激之使上，上下交争，砂停中流，则不但淤而且成高阜矣。余揣摩三十余年，惟有放阔江路以容水，方受万全之计，试思器之受水，深能容，阔亦能容；既不能深，莫若放阔，大盘之广，岂不愈于小杯之深乎？难之者曰：'数十里长堤，若尽迁而避之，所弃既巨，所费岂能给乎？'对曰：'不然，江面阔者居多，狭者居少，但去其狭者，而阔者仍无恙也。'即宜放阔之处，亦非尽筑新埂，可因山林以为限，但补其缺可耳。欲除县上之水患，惟有去江东后筑之私埂（自注不载《经野规略》者皆为私埂），使水归古道，由江东畈直达落马桥之下，则县上各湖各畈，永免淹没崩决之患矣。然其埂筑已有年，一旦去之，民亦难堪，惟有□去大路埂、蒋家塘埂（自注咸丰五年所筑，在大路埂内）。以复东江之古道。其东面皆山，不必筑埂；其西面上下亦有山可依，第于缺处补以新埂，以卫其畈之东面。又□去桃花埂、后村埂，以复西江之古道，其西面皆江，不必筑埂，其东面皆山，第于缺处补以新埂，以卫其畈之西面，则畈中之田皆成膏腴；而弃于埂外之田，为数无多，尚可收桑果之利。其埂基泥塘，酌给时值，以免独累。约略计之，需费三四万金；县上各湖畈既受其益，理宜派费，共湖四十有二，共田二万一千三百三十九亩，更加高定荡湖外浮塘周村江东等畈，约计田四万有余，合而计之，可得田六七万亩，即每亩派费五六百文。如此则所弃者小，所全者大；其劳者暂，其逸者久焉。又平□私埂，掘去阻碍；刊除竹木，务使不复萌蘖；以外条目，悉遵《经野常规》，庶几刘公之精意不背，刘公之丰功不堕矣。"云：知县沈宝青甚嘉其议，然重改作而便苟安，民之通性也，各以己之利害相争，不肯为公忠久长之图，江沙日积，水势益悍，而定荡畈洋湖几时时为泽国，而江东畈亦如蓄水池，少丰稔岁矣。杀分势而利疏导，职之议不能外也，挽近汤寿潜本刘蕺山之议，主张开掘麻溪坝，数县之民，群起反对，大汤湖人竟开其一曲，而山会萧三县之田不加损，则知汤氏之议，非无见也。麻溪坝果开掘，则江水直泻，由大道而出，或足减暨邑水害十一。而碛堰亦无所用，向之海潮喷薄汹涌而逆上为湖埂患者，亦不至如前之甚，惜乎其议之不克行也！且自江东畈故道既塞，定荡畈暨关洋二湖，几成县上之蓄水湖，一遇潦水，浸淫衍溢，旬日不退。盖西江收浦义之水，上游百余里至丰江口分流为洪浦江而贯定荡畈，东江收嵊东二县之水，一自璜山，一自澧浦而合于街亭，急流直下，上游仅八十余里而与西江会。故定荡畈者，东西二江之汇也。二江既合，由太平桥出，水道狭隘，不得泻泄，故水盛时，洪浦江之水，贯注于定荡畈，东江之水，由堰水坑逆入；西江之水，由丰江口逆入；关洋二湖之民，濒江而居，又不得不筑堤以自卫，而定荡畈几成泽国矣。且东江流短水急，每届宿雨，仅八九小时可至，西江流长须二昼夜方至，前水未退，后流继潴，湮没七日，而苗霉矣，故历年少丰收。民国初年，其地之民，始有填复堰水坑之议，弃遇旱车戽之小利，避东江洪水倒灌之大害。民国四年（公元1915年）七月二十五日，八十四村之代表，开大会于会议桥俞氏宗祠，到会者计二百余人，议决填复。分村派工，于八月十九日经始，越年三月十五日竣工，埂长约十余丈，面阔约丈余。其时江东畈人以东江失调节之势，群起而争，以谓堵塞江道，妨害水利，纷纷兴讼。定荡畈方面则根据《经野规略》以开掘江东畈私筑诸埂，恢复原有江道为要挟，双方执持，历时四载，省长督军道尹暨浙江水利会派员查勘，不下数十次；开士绅联合会，亦四五次，双方欲动武者，亦十余起，县令数易，均无切实办法。要而言之，则定荡畈之利大，江东畈之害小，欲以小就大，故八十四村，壮者买其勇，老者轻其躯，以争利害于一旦，而麻车埂以成。民国十一年（公元1922年）南乡鹫山许姓因干涉周姓筑复堤埂，激成族斗；十二年杨家楼杨姓因重筑陈家堰与草塔赵姓激成族斗；大理湖民以编夫筑埂，发生争议；高湖埂案，亦亘数年不解，而争堰争水者复数数闻，则信矣水利之关于民生者至深且大也。夫治水多端：以潴蓄水，以防止水，以沟荡水，以遂均水，以列舍水，亦浍泻水，各视其宜；不得其道，则历世受其害而未已。今更请言泌湖，泌湖者本以蓄水，不为田。自明时富户占湖为田者十六家，凡十三姓，有十三处之说；未几，又听民佃湖为田，以其值造城，自是三江口尾闾之水，益迫狭不得泻，而诸暨之水害益亟。论者犹以泌湖之为田，无关于全邑者，此不察地势之故也。明黄镗《泌湖议》曰：“诸暨之湖七十有二，诸湖丈量升课，供办粮差；惟此湖自宋元以来，及我国家相沿为湖，而不以为田者，此必有说。某尝相度其他，审视水势；诹诸群议，则此湖断然为湖而不可以为田也。何则？县东之水发会稽山阴诸界无虑千余条，皆注此湖；而浣江发源义浦分派东西两江，而又会流于三江口，三江水道狭小，旱干之时，两江之水，由三江纡徐顺流入于钱塘，若有霖雨崇朝，则两江之水暴涨，雍淤于三江，而其水反从东南逆注于此湖，则此湖诚为众水聚蓄囊贮之所。若据以为田，则必有雍塞怀襄之患，而暨之为县大受其害矣。历代以来，中更老成定虑者，不知凡几，卒弃膏腴以为官湖，而不以为田者，非其见事之晚，利害较然，有不可也。"自尔筑埂筑堤，蛛网其中，而水患骎骎深矣。至光绪十三年，王昌泰、楼也鹤于西泌湖筑成大埂，以遏上流之水，积潦浸淫，益复为害。近岁沙泥日积，江底日高，其情形又复不同，区区之埂，已不足以遏滔滔之势，而议者更欲培东西泌湖旧埂而高之，如今潘咏侯、何霞舫之所倡筑者，既取我子，又毁我室，得无太甚！至江底沙泥之积，则有二因：一则垦山者多，不独金陵之棚民，土人因生计困难，亦多从事开垦，一遇大水，沙石即挟以俱下；二则森林伐尽，向之盘根固土者，今则日趋疏松，败叶浮泥，乘流而下。夫江底既高，旧时堤埂不足御水，因培其埂以遏之；然此藉为一时苟安之计则可；若以谓此即长治久安之策，是亦塞口止啼之道也，岂其可耶！夫图大功者不计小利；为大事者不执成谋，凡以私利相竞者，卒之则其相竞以为利者，又反以为害，此盖不顾公益者所必至之势，后人当引为鉴戒也。彼始倡阻遏江东畈水道及规划泌湖大埂者，由今思之，为功乎？为害乎？故此后浚江问题，当统盘筹画，为全邑计利害，先人成败之迹，历历俱在，可为后人之鉴戒者何限？而此成败之迹，为暨人之痛史可，为暨人之信史可，要在善观之而已！当光绪初年，知县刘引之倡议浚江，命吏斫去沿江两丈以内桑木；至连七湖为湖民所阻而止。潘康保尹暨亦集绅于邑庙无成议而罢。知县周学基聘杨兰孙测绘江图，筹备开浚，估定浚费二十三万元，亦以事中止。宣统间知县秦家穆设立浚江局，征求绅士意见，部署遣发，将动工矣，值辛亥光复寝事，是皆有志而不克成者也。至民国以后，官斯土者，皆无长久之计；地方又无负责之人，近年骆绅瀛始为之倡，民国九年（公元 1920 年）

设水利委员会于城。乃草草测量不久中辍，虚耗巨款，论者讥焉。士绅集议，往往私意各执为一时一地计，故多人倡之而不足，一人坏之而有馀，此言水利者所谓三太息也。夫浚江必禁山，禁山则山民之生计竭；蓄水必弃湖，弃湖则湖民之哗变起；且下段先浚，虑水势之直泻，将无以资灌溉；上段先浚，则钱塘之水，益将挟沙泥而逆上，患湖埂之溃决。然则岂果无其道哉？不肯戕小害以就大利耳。至壬戌以后，形势改易，前之筑埂以导之者，今或反以遏之；《考工记》曰："善沟者水漱之，善坊者水淫之。"今为漱为淫之患，日益表襮，而言水利者，尚胶执旧说，补苴罅漏以图苟安，稍雨则泛滥横溢，乍晴则乾涸立见，其情形又非以前比矣。虽然，病已成矣！且日危矣！吾人犹隄隄议其旁曰：如何致病？如何致危？而不思所以救之，虽病源凿凿，庸有益乎？夫人之欲善谁不如我？今之为一时一地计者，亦所谓头痛医头，脚痛救脚之法也。山有榆囷，匠人取而断之，大斧大劈，然后方能资以绳墨，若谓是不伤木乎？是不费材乎？则终成其为榆囷无用而已！医者已言病症，理宜处方，其方惟何？则孙绅选青有延请名医托命名医之说矣。其略曰："江路应如何改易，堤防应如何改筑，某山应培养森林，某地应弃田为湖，此皆工程师之职，非局外人所得参加，彼工程师者，对于水利工程，有相当之学识，及经验，其所规画，必有深切之见解，久远之计画，吾人付之以全权，此则病危请医之道也。今吾国诸种事业，多未能与外国媲美，而辄师心自用，视个人为万能；夫修补破靴，尚须招学习有年之皮匠，况浚江非补破靴比乎？故工程方面之事，非于近代河海工程学，及吾国治河水利诸书研究有素者，不必越俎代谋；越俎代谋，犹之筑室道旁，议论滋多，成功无日也。即欲自纾见解，亦应俟工程师，调查测验诸事，办有头绪之后，根据其所报告，始可提出意见，盖只凭见证不精细诊断而处方者，未有不误事者也；幸而不误，亦偶中耳，曷足贵哉！此于所以对于浚江一事，绝对主张将工程方面之事，完全付托于工程师也。至吾人急须讨论者，在事务方面，略分三期：曰筹备期、曰开工期、曰善后期，开工期与善后期，大半为工程师及主持人员之责任，吾人只须严密监察，亦不必为之代谋；如是，则今日所应讨论者，不过筹备期之事务而已！余认为应办之事：（1）主持人员二人，推才德而能任劳怨者；（2）设立浚江局；（3）组织委员会；（4）筹划经费；（5）聘工程师必须在世界水利工程界负盛名，且有相当之成绩者；（6）设备工程方面应先筹备之事件，如测候所等。"又曰："关于事务方面，尚有应守之原则二：即不惜费与不用情是也。不惜费，非浪费之谓，乃不计小利而策久远之谓也，不用情，非武断之谓，祗知有公不知有私之谓也。此二者，固望主持人员之加勉；民众有监督之责，亦不可不加之意焉。"孙绅所议，斩尽枝节，而为此疏节阔目之主张。此或今日救急治本之一法欤？但工程师之测量，非旦夕问事，水量与速度之验，候之亢旱时；亦必候之大水浅水时，累月累岁，未必即举。设须禁山，买已垦之山而树艺之，设须蓄池，买已垦之田而潴汇之，山民不必哗，湖民亦不哗；而一切经费从田丁及种货物捐内增加附税；款未集时，则先举县债以办之，一如孙绅之主张，此则根本久远之计，所谓竭千万人之力以图之者；或亦千百年之利也。今岁参事会呈准县署令民自行斫去江岸桑树杂木，不得树艺，以遏水势！民奉令者少；官又无法以济其后，即此区区尚不能行。又乌足以言治江哉？然江不治而暨民无安奠日矣，后之君子，尚念其诸！

八、1939年诸暨县水利委员会《整理诸暨县水利计划大纲》

导言：诸暨有面积约一百十六万二千七百九十三亩，其中有田约八十万亩，占全面积百分之七十（二十二年张韶九编绘县图说明所载）。水由浦阳江干支流敷布全境，向称富庶之区，宜乎农产丰足，民歌大有，何以旱潦饥馑不绝于史，降及近年，益臻频仍。迹其原因，如麻溪坝之堵塞，湖田之垦辟，私埂之增筑，河道之淤填，荒滩之侵占，以及近年之开山等。在与水争地，因此重重相积，果亦日趋恶化。自明万历年间，青阳刘公作宰是邑，凿渠导流，芟秽塞窦，修闸培埂以后，暨民得以安居乐业者数百年。夫水岂好为患哉！实由人谋之不臧也，前事即为后事之师，倘不急起直追，饥馑灾害，将伊于胡底，但兹事体大，非旦夕可成，更非群策群力不为功，尤应根据现代治水原则，参照前贤成规，悬的以赴，则操券可期，爰择要拟县计划大纲如下。

甲、工程方面

治水工程首要防灾，次为航运，再次为利用水力发电振兴各项工业。灾分潦旱，暨潦多，而旱少，故先从防潦着手，次第举办，而水力发电非候民有余力，无法措手，暂应从缓，兹拟分年举办如次。

第一年（廿八年冬），湄池湾及张家湾之截弯取直（概括经费约二十三万元），并尖山及碛堰山等处江身之拓宽，是项工程告成后，流速增大促进排泄，湄池以上流域咸蒙其利。

第二年，连接上下东江而疏浚之，以分泄浦阳江水量（即街亭江与东江贯连、堵塞茅渚埠叉江与下西江隔绝），约估可减少干流洪水量三分之一，同时整治枫桥江。

第三年，举办干流截弯取直工程（如黄潭汇、梁家埠、耕霞庄以及长潭埠至水霞张一段等湾），并整治街亭江、五泄溪。

第四年，整治县城以上干流并培修两岸堤埂，及择定各处山谷，兴筑蓄水库（俗称水仓）。

第五年，整理各湖水利及举办各顺田灌溉工程，并整理航运，改建旧桥，及水利上一切善后事宜。

乙、经费方面

经费为事业之母，倘无着落，一切俱成空谈，筹而不足，势必影响整个计划之进行。现拟按照每年工程需款估计，由全县受益田亩摊派，假使除去山坡高地，姑且以五十万市亩计，每年每亩派征五角，年可得二十五万元，连征五年计，可得一百二十五万元，若每亩征派一元，年可得五十万元，五年可得二百五十万元。据民国二十六年大水调查，直接受倒淹没农田有二十万亩，每亩平均损失以十元计，已有二百万元之多，较之每年派费半元一元之数，实渺乎其渺，想全县民众历受创深之潦旱教训，谅不致较此菱菱耶。更望本县达官显绅以及热心公益之富户，慷慨解囊，共襄斯举，俾计程观成，兹将经费来源分别于次：

（1）按受益田亩逐年摊派；（2）船捐；（3）呈请省府拨发补助费；（4）特捐；（5）商店及殷富捐；（6）举办公债及其他。

丙、行政方面

为肩负此项重大使命起见，特组设诸暨县水利委员会，以各有关机关主管人员为当然委员，各乡镇长热心水利工程人员以及热心公益之士绅为聘任委员，集思广益，共谋推进，并于必要时，设置特种委员会以及临时测量队工程处，分掌设计、查勘、实施之工作，务冀在极经济原则下，按照本大纲所计五年计划分年完成。

第三节　诗词歌赋

一、古诗词

（一）［唐］李白《送祝八之江东赋得浣纱石》

西施越溪女，明艳光云海。

未入吴王宫殿时，浣纱古石今犹在。

桃李新开映古查，菖蒲犹短出平沙。

昔时红粉照流水，今日青苔覆落花。

君去西秦适东越，碧山清江几超忽。

若到天涯思故人，浣纱石上窥明月。

（选自《全唐诗》）

（二）［唐］鱼玄机《浣纱庙》

吴越相谋计策多，浣纱神女已相和。

一双笑靥才回面，十万精兵尽倒戈。

范蠡功成身隐遁，伍胥谏死国消磨。

只今诸暨长江畔，空有青山号苎萝。

（选自《全唐诗》）

（三）［宋］袁燮《桔槔》

谁作机关巧且便，十寻绕指汲清泉。

往来济物非无用，俯仰由人亦可怜。

（四）［元］杨维桢^①《采莲曲》

东湖^②采莲叶，西湖^③采莲花；

一花与一叶，持寄阿侯家。

同生愿同死，死葬清冷洼；

下作锁子藕，上作双头花。

（选自《诸暨诗英》）

（五）［元］王艮^④《追和唐洵华亭十咏·柘湖》

湖瞰平林外，波摇断崖滨；

柘山应孕秀，秦女乃能神。

离纸徼灵贶；乘槎觅要津；

渡头风正恶，愁杀采菱人。

（选自《诸暨诗英》）

（六）［明］陈嘉绩^⑤《重过泌湖（西江月）》

三十年前此地，画船随处追游。

---

①杨维桢，字廉夫，号铁崖，全堂人，元泰定四年（公元1327年）登进士，署天台县尹，后改盐官，官至江西儒学提举。

②东湖：今城西乡占家山。

③西湖：今城西乡木桥头。

④王艮，字止善，店口人。初由淮东廉访司辟为书吏，后历两浙都转运盐使司，历淮东道宣慰副使致仕。

⑤陈嘉绩，字思绎，店口人，曾官兰溪州学正。

马嘶芳草柳丝柔，多少风流载酒。

今日重过香径，湖山总是离愁。

故人寂寞但荒丘，情到不堪回首。

（选自《（光绪）诸暨县志》）

（七）《山田诗》《湖田诗》

暨田山湖相半，旱与涝俱不可，叶、骆二公诗深入民隐，因附于此。

山田诗

［元］叶水春

山田高，山田高，

山田一旱苗先焦。

长绳接塘车库竭，

全无半得空陪劳。

农夫涕眶瘦于鬼，

黑不见眉白见齿。

一家性命田中禾，

一身血汗田中水。

独不见，鹊尾扇，蝉翼衣，

琼宫琐窗翡翠围。

蔗浆冰碗冷相照，

岂知赤土如飞花。

尔农服劳毋叹苦，

尔生惜不居太古！

尔生惜不居太古，

五日一风十日雨。

湖田诗

[明] 骆象贤

春水高，秋水高，

水高日夜心自焦。

我田污邪堤岸筑，

驰驱不惮身常劳。

雨横风狂泣神鬼，

河伯凭陵徒切齿。

生涯艺获上田禾，

凄凉愁绝湖中水。

独不见，瓮无粟，囊无衣，

萧萧四壁芦苇围。

儿啼妻号不须问，

催租有帖如星飞。

何当真宰上诉农心苦，

八风调和大复古！

八风调和大复古，

时若阳兮时若雨。

（选自《（康熙）诸暨县志》）

（八）[明] 胡学①《家公堤》

浣东城外家公堤，春风冥冥花满溪。

---

①胡学，诸暨十都人，胡中从孙。

青山浮黛净于洗，白波萦练清无泥。

村墟人烟渺不极，桑麻雨露深如织。

百年耕种乐居民，始信家公著奇迹。

道旁码石树穹崇，题名欲与长官同。

轻尘一骑雨初歇，劝农太守行花瑰。

（选自《（康熙）绍兴府志》）

（九）《筑堤谣》

诸暨山多水亦多，崇朝骤雨平江湖。

刘侯①忍痛不顾疮，湖作膏腴水落江。

（选自《刘公政略》）

（十）［清］郦黄芝《浣溪大水歌并序》

暨蕞尔山乡，民藉农者十九，自道光丁未稼丧于雹，戊申丧于水，己酉水又甚焉②。湖农终岁力田，不得一饱，重以堤防溃烂，课征督责，于是贫毙于岁，富毙于田。迨今五月、八月之水，则又故老所未见，见而不能言者，斯人其鱼鳖乎？

东海君出群阴吐，天地混茫入太古！

一日一夜水陡作，溃山漂石无坚土。

我家老屋浣溪滨，朝耕暮钓与水邻，

一片幕蒲生便识，几个鸥鸿乍相亲。

千山万山水上错，双翅宛转合三江，

---

①刘侯，明万历诸暨知县刘光复。

②即道光二十七年（公元1847年），道光二十八年（公元1848年），道光二十九年（公元1849年）。

一水横空如落鹅，探源使返东西索①。

高者山田下湖田，月明雷动难为天，

五风十雨久不见，鸣条破块已可怜。

于时岁庚戌，五月廿三日，

水得九龙治，山有万蛟出。

行地乱翻舟，嗽天竟没鹬，

杀我高低田，旱莠百不一。

岂知八月中，重为妖雨罩，

我生不离水，有如胶与漆。

忆昨官符催筑堤，野田沙高不得泥。

筑堤典尽衣兼裤，种田卖却牛和犁。

（摘自《（光绪）诸暨县志》）

（十一）［清］郭凤沼《诸暨青梅词一百首》（节选）

东朱②极望水盘纡，村北村南叫鹧鸪。

石砩山中一夜雨，刺菱花遍大农湖。

大农湖③畔水生萍，石砩山中花更新；

妾是大农长望岁，郎如石砩不知春。

下濑溪④波碧似油，南经万岁北千秋⑤。

---

①东西索：浣溪两源，西发浦江，东出东白山。

②东朱：宋安俗乡（今安平乡）里名。

③大农湖：即今大侣湖。

④下濑溪：即今洪浦江。

⑤万岁、千秋：桥名。

莫如东西两江水，才过城闽又别流。

水阁迢迢百步长，西江灯火夜深凉。
急装明发安华浦，黄尾鱼羹劝君尝。

五泄溪山天下无，峰头朝暮有猿呼。
默公已老元卿去[1]，垂足岸边看郁姑[2]。

金浦桥边鸥鸬飞，桑溪流水入飘溪[3]，
湖田高下鸠苊草，一色龙须绿未齐。

东西南北种芙蓉，东江西江上下通，
到处逢人都说藕，女儿颜比藕花红。

县上山乡县下坝，侬家自昔少丰年，
欲将金竹塘前水，来种黄兰畈里田。

堤下踏歌堤上行，风吹不断竹枝声，
从知七十二湖水，曾载诗人张叔京。

（选自《（光绪）诸暨县志》）

---

①默公：灵默禅师，五泄寺始建人；元卿：谢元卿，晋高士，会稽人。
②垂足、郁姑：为五泄山峰名。
③飘溪：浣江之别名。

（十二）［民国］蒋明志《临江观水有悟》

吾在浦阳山，是水初滥觞。

爱此源泉活，坐石濯沧浪。

阳阿晞金发，烟霞满衣裳。

褰裳循溪去，曲折如羊肠。

流至雷公山，东南绕城墙。

川广只丈许，两岸石硍硍。

及至白马桥，水势渐汤汤。

百里至浣江，吴越初通航。

百里至临江，波澜溢洋洋。

遂会富阳水，洗渺至钱塘。

自是遂入海，天水色苍苍。

即此观物理，原始皆微茫。

始微未必巨，坚冰先履霜。

爝火成燎原，蚁穴溃堤防。

庸众知其著，君子慎其将。

知几乃为圣，圣者不可量。

（选自《如园诗草》）

二、新诗歌

（一）沈千章等《天堂在人间——颂诸暨视北一社》

跨过山里山，

拐过弯里弯，

豁然开朗见平滩。

水库灌稻田，

水沟紧相连，

从此"旱涝"成古典。

禾苗粗又壮，

满园嫩茶桑，

金黄麦子堆满仓。

（1958 年 5 月 25 日《浙江日报》）

（二）岳桦《江山改容颜》

高山低山山套山，山山都有水晶盘。

盘里钩出银丝线，金线银线绣山川。

（三）凰桐江今昔

十都弄堂两边山，当当中央白沙滩。

一场大雨水过畈，亩产不过三百三。

截弯取直堤埂固，自流灌溉有水库。

堤外洪水滚滚流，堤内禾苗绿油油。

山里山，弯里弯，一个埂缺一个弯。

挑沙还田沙成山，背脊骨头都压弯。

荒山秃岭披新装，青山绿水好风光。

四万农田田成方，粮食亩产超"双纲"。

（四）史莽《檀溪公社杂咏——檀溪三千井》

檀溪畈，一大片，三千来亩漏水田。

白天浇水夜不见，夏季一到冒青烟。

老天睁着"独只眼"。看你们求天不求天？

檀溪人，笑得甜，这点小事求什么天！

双手直把地底捅，大地深处挖泉眼。

一亩田地一口井，挖出水井满三千。

密密丛丛像蜂窝，好像繁星布满天。

夏日一片舀水声，声声赞扬社员勤。

秋来晚稻弯腰笑，笑他老天枉有眼。

（1963.10.28《浙江日报》）

（五）范长江《白塔湖》

白塔本云水，龙治三千年。

鳅鳝随解放，稻麦出湖田。

渔港如蛛网，桑林似锦边。

笑餐胖鱼首，美景在明天。

（六）李伯宁《咏征天水库》

1980 年 10 月 31 日李伯宁同志来征天水库视察，离库时咏诗一首。

征天南山[①]久闻名，水库管理是标兵。

工程安全效益大，自给有余好经营。

莫道长诏[②]不上榜，急起直追猛冲锋。

若问哪个能占先？五年以后见输赢。

（七）骆建平《赵家拗井》

溯步枫江至何赵，行及檀溪明流少。

篱边何物竖沙井，润苗还须木桶拗。

①南山指嵊县南山水库。
②长诏指新昌县长诏水库。

第四节　农谚民谚

◆ 一年五种田，收成看天年。

◆ 一场大雨田冲光，三个太阳叫冤枉。

◆ 一夜狂雨水成灾，溪水泛滥田变滩，要想吃饭难上难。

◆ 三夜月明天告旱，一声雷动路行船。

◆ 三个太阳喊皇天，一夜雷雨路行舟。

◆ 三个雨阵头，救埂起忙头。

◆ 三颗雨毛梢，水没稻脑梢。三个猛日头，车水三踏头。

◆ 三年不倒湖，黄狗也能讨媳妇。

◆ 小暑倒湖，讨饭没路。

◆ 大旱不接龙，麻皮不遇虫。

◆ 大雨大灾，小雨小灾，无雨旱灾。

◆ 天怕秋来旱，人怕老来苦。

◆ 雨点起泡，湖沿人倒灶。

◆ 年年大水，大麦当菜。

◆ 马湖楼店，独多荒田。

◆ 种在田里，靠在天里。

◆ 种种一大吸，收收一箩担。稻桶一竖起，无米烧年饭。

◆ 秋前十日，秋后十日，硬种十日。

◆ 前半夜笑盈盈，后半夜恸哭声。

◆ 前半夜想雇姆姆，后半夜去做姆姆。

◆ 富不离大麦，穷不离祖宅。

◆ 蚂蟥听水响，圩长等倒埂。

◆ 四圈落雨白门晴，白门落雨出龙神。

◆ 鱼寄子，乌鲤鱼拜堂，野鸭成群，颗粒无收。

◆ 高山上，一片黄，早来泪汪汪，五谷不见熟，稻谷很少黄。农民出路只三条：讨饭、上吊、卖儿郎。

◆ 湖沿人，汤浇雪；山里人，藤吊鳖。

◆ 穷苦人，卖儿媳。十年九无收，穷得无路走。

◆ 湖田卜沧敦①，畈田晒断根。

◆ 诸暨湖田熟，天下一餐粥。

◆ 何赵泉畈人，硬头别项颈。一丘田，一口井，日日三百桶，夜夜归原洞。

◆ 冯村人，看天公；戚家市人挖地洞；后大村人迎老龙。

◆ 定荡畈呀受苦畈，种了田稻不见饭。

◆ 子子孙孙受苦难，有图不嫁定荡畈。

◆ 民国十一年，大水没屋檐，糠菜蜜蜜甜，草籽透透鲜。三个大铜钿，老婆送到床面前。

◆ 天晴红砖铺地，天雨小娘肚皮。吃格大麦糊，走格掉裆步。小灾年年据有，大灾三六九。

◆ 都水三十三，流入江东畈，今朝看看青胖胖，半夜大雨白洋洋，一年要种三批秧，不晓得有没有颗谷到屋里厢。

◆ 黄连畈是晒煞畈，种种一畈，收收一担。晚稻急赶无法翻，要想吃饭难上难。

◆ 泡饭粥的路，花线棚的湖，鸡肚肠的河，田整大的埂。

◆ 上下金湖马桶湖，一夜大雨要吃苦。

---

① "卜沧敦"即水声。

◆ 大湖山沿牌九田，有收无收要靠天。

◆ 湖头吸尾晒煞田，雨伞收拢喊皇天。

◆ 小雨不停工，三旱抵一工。日里加油干，夜里开夜工。

◆ 夏夜车水打蚊虫，不如现在开夜工。

◆ 建库如建仓，积水如积粮。水仓有人管，增产有保障。

◆ 过去种田靠老天，现在种田靠征天，渠上渠下两列天。

◆ 泌湖是个好地方，鱼米之乡有名望。

◆ 不靠菩萨不靠天，全靠头上三根线。三根线，赛神仙。

◆ 电排电灌，保住饭碗。

◆ 有排又有灌，不怕涝来不怕旱。

◆ 闸刀一把上，内涝出外江；闸刀一把掀，旱情全消尽。

◆ 担满担快，不怕肩膀出血；

　　拉重拉快，不怕脚筋吊曲；

　　起早落夜，不怕睡眠不足；

　　毅力冲天，要叫愚公屈服。

◆ 过去山荡畈，眼泪落湿衫。秧苗种下去，秋后仍讨饭。

　　现在山荡畈，变成三熟田。全年指标订，半年就完成。

◆ 喤喤喤，王家出了个王小堂[①]。哄天哄地造水仓，造了一个燥水仓，害得王家吃米糠。

　　喤喤喤，王小堂是救命王，轰轰烈烈造水仓，造了水仓水满仓，爱国增产有保障。

◆ 雨打正月八，落雨落到萤头白；雨打正月廿，有麦也无面。

---

①王小堂是应店街王家村人。1953年兴建汤坞水库时，开始群众不理解，对造水库的王小堂发牢骚。水库建成后，效益显著，群众齐声称赞王小堂。

◆ 春雷动得早，洪水马上到。

◆ 春雪薄薄摊，大水没山塝。

◆ 春夜雪打窗，一百廿日水泛江。

◆ 春霜不露白，露白要赤脚。一连三天白，晴到割大麦。

◆ 惊蛰前动雷，四十八日云雾不开。

◆ 三月初三晴，桑树挂银饼。

◆ 四月初一光青天，高山平地好种田。

◆ 四月初一满地雾，弃了高田种低田。

◆ 识得四月天，困得吃一年。

◆ 清明断雪，谷雨断霜。

◆ 谷雨雨不休，桑叶好饲牛；谷雨树头响，一瓣桑叶一斤卷。

◆ 五月初一晴，山田好种荞；五月初一落，山田燥壳亮。

◆ 五月南风起，大水没道地。

◆ 吃了端午粽，还要冻三冻。

◆ 谷子出秋田，棉袄背三件。

◆ 端午夏至连，大水没湖田。

◆ 六月初三东北风，湖田不用种。

◆ 六月起东风，下雨不用问天公。

◆ 六月南风晴皎皎，晒煞深山坞底老竹箐。

◆ 六月盖棉被，到年无饭米。

◆ 六月的日头，晚娘的拳头。

◆ 六月不燥田，七月喊皇天。

◆ 七月七打雷，十四水不退。

◆ 雨落芒种头，河里鱼泪流；雨落芒种后，鱼儿四处游。

◆ 芒种落雨忙过年，芒种无雨空过年。

◆ 芒种火烧天，夏至雨绵绵。

◆ 夏至落雨做重梅，小暑落雨做三梅。

◆ 夏至雨，一滴值千金。

◆ 夏风西北起，六月水横流。

◆ 夏东风，燥烘烘。

◆ 夏雨隔牛背，秋雨隔灰堆。

◆ 天上鲤鱼斑，明朝晒谷勿用翻。

◆ 要知明天热不热，就看夜星密不密。

◆ 早晚西北夜东风，晒煞塘底老虾公。

◆ 立秋西北风，岁底船不通。

◆ 处暑田头白，白露枉费心。

◆ 大旱不过七月半。

◆ 八月雾露水，有米无柴爆。

◆ 早晚风凉，晴到重阳。

◆ 九月十三晴，皮匠老婆好嫁人；九月十三落，皮匠老婆戴金镯；十月廿九满天星，大小泌湖出黄金。

◆ 白露身不露。

◆ 秋后南，大路好撑船；秋后北，塘底好晒谷。

◆ 寒露不勾头，割割好饲牛。

◆ 有稻无稻，霜降放假。

◆ 立冬无雨一冬晴。

◆ 初三日头初六雪。

◆ 头阳雨，二阳风，三阳无雨一冬晴。

◆ 雾露吃霜，百姓吃糠。

◆ 晴冬至，烂过年。

◆ 冬雪宝，春雪草。

◆ 大雪纷纷是旱年。

◆ 雪顶雪，目困得吃。

◆ 早看东南，晚看西北。

◆ 三日黄沙，九日晴。

◆ 四季南风四季晴，只怕南风起叫声。

◆ 日出早，雨淋脑；日出迟，晒煞鸟。

◆ 东虹日头，西虹雨，南虹贵米粮，北虹动刀枪。

◆ 虹高日头低，晒煞老雄鸡；虹低日头高，落雨要讨饶。

◆ 日晕三更雨，夜晕午时风。

◆ 冬至天阴，来年太平。

◆ 朝雷勿过午，夜雷三日雨。

◆ 上午薄薄云，下午晒煞老太公。

◆ 东闪西闪，晒煞泥鳅黄鳝。

◆ 南闪火门开，北闪有雨来。

◆ 春雾百花香，夏雾白洋洋；秋雾渰渰，晒煞晚稻。

◆ 春雾雨，夏雾热，秋雾风凉，冬雾雪。

◆ 云过东，晒煞老公公；云过西，大路变成溪。

◆ 云过南，大路好撑船；云过北，塘底翻转好晒谷。

◆ 太阳落山胭脂红，不是雨来就是风。

◆ 雨打中，两头空。

◆ 雨打鸡鸣走，雨伞不离手。

◆ 甲寅乙卯晴，四十五天放光明；甲寅乙卯雨，四十五天不见晴。

◆ 一日赤膊，三日头缩。

◆ 蚂蚁搬窝，天井成河。

◆ 天怕黄亮，人怕鼓胀。

◆ 出门看天色，进门看脸色。

◆ 晴带伞，饱带饭。

◆ 渔槽山戴帽，白杨山穿袍，七十二湖倒光。

◆ 铜井山①戴帽，坑坞山穿袍，茅阳岭拦蛟。

①铜井山，在今杭州萧山区，山与诸暨店口乡相连。

第六章　传世遗产

2015 年，诸暨桔槔井灌工程申报成为世界灌溉工程遗产，这也是目前全球 100 多项世界灌溉工程遗产项目中唯一一个桔槔提水井灌类型的灌溉工程，堪称古老桔槔井灌的"活化石"。

第一节　从深山幽谷走向世界

诸暨赵家镇桔槔井灌工程的发现纯属偶然，笔者和老师谭徐明教授在绍兴参加一个会议后，2014 年 11 月 19 日受诸暨水利水电局钱永欢邀请考察古堰，并评估申报世界灌溉工程遗产的条件，绍兴市水利局副局长邱志荣等陪同。考察结束后，我们认为工程现状条件并不理想，特色也不突出，于是询问是否还有其他古代灌溉工程，因此发现独具特色的赵家镇桔槔井灌工程遗产。我们考察后形成报告，并通过中国水利学会水利史研究会，于 2014 年 11 月 25 日致函绍兴市和诸暨市相关部门，提出加强保护诸暨桔槔井灌工程遗产和申报世界灌溉工程遗产的建议。诸暨市委、市政府十分重视建议意见，徐良平市长批示："这件事，我觉得很有意义，又是诸暨水文化历史的见证。我想应普查清楚，确定核心区和一般区域，然后保护、利用。请加强协调落实。"赵源恩同志批示："请水利局张国锄局长负责，按徐市长要求和本函建议

图6-1　2015年世界灌溉工程遗产申报书（自摄）

实施。一要抓紧时间，尽快拿出初步方案和确定工作任务；二要细致严谨，普查到位；三要加强保护，争取遗产申报成功。"申遗工作由此启动（申报材料见图6-1）。

2014年12月，诸暨赵家镇桔槔井灌工程遗产保护及申遗工作方案上报诸暨市政府并很快获批同意。2015年1月，成立了以常务副市长赵源恩为组长，有关单位领导为成员的申遗工作领导小组，以及由诸暨市水利局和赵家镇有关人员组成的具体工作班子，中国水科院水利史研究所团队作为专业支撑具体承担遗产研究、申遗文本编制和遗产保护规划编制任务。在诸暨市水利水电局张国锄局长的组织下，办公室傅海康主任协调，由周长海副局长具体负责、周长荣老师协助，我们完成了遗产的调查、评估，编制完成了遗产保护规划，按期提交了申报文本，先后通过了中国国家灌排委组织的评审和国际灌排委员会专家组评审，最终于2015年10月12日在法国蒙彼利埃召开的国际灌排委员会国际执行理事会全体会议上成功获列第二批世界灌溉工程遗产名录，成为当年最具特色的一项遗产（图6-2）。

当时国内专家组推荐意见评价："在近30年市场经济冲击下，掇井这一桔槔提水灌溉的古老灌溉方式竟然在经济发达的浙江诸暨得到保留，实在令人惊叹和感慨。诸暨拗井是中国12世纪以来，通过移民，北方灌溉文明向南方传播的实证。诸暨拗井是适应特有的地下水资源和地形地质条件的灌溉方式。古代诸暨拗井的建造者和使用者，拥有对地下水循环机理的认知，并通过田间井群的合理分布，实现了基于土地分配的水

图6-2　诸暨桔槔井灌世界灌溉工程遗产牌
（诸暨市水利局供图）

资源配置，为我们展现了历史时期可持续灌溉的特殊模式。桔槔井灌是灌溉工程的活化石，有着特殊的文化意义，它见证了古代中国农村适合以家庭为单位的灌溉工程类型和方式，以及乡村地下水资源合理分配的智慧。"

第二节　世界遗产标准评估

对照世界灌溉工程遗产申报条件和价值标准，诸暨桔槔井灌工程遗产完全满足相关条件并独具特色，阐释如下：

（1）年代标准。泉畈、赵家等村落的形成可追溯到公元12世纪，根据家谱、碑刻等的确凿记载，至晚公元17—18世纪泉畈等村桔槔井灌工程已经十分普遍，符合延续使用100年以上的标准。

（2）灌溉类型。诸暨桔槔井灌工程遗产属于世界灌溉工程遗产的第六种类型"原始的提水工具"。

（3）价值标准。持续的灌溉效益为地区农业发展、族群繁衍起到了不可替代的作用。诸暨桔槔井灌工程遗产为赵家、泉畈等村数百年农业发展，为从中原移民而来的何、赵族人安居、繁衍等做出了重要贡献，而这里特有的自然地理环境，决定了桔槔井灌是这里的必然选择。据《宣德郎何君星斋墓志铭》记载，家"有汲水田十余亩"，即能"勤俭颇可为家"，形象地反映了井灌对农民安居的重要支撑作用。

（4）具有文化传统或文明的烙印。提水灌溉机械历经数千年发展，在技术发展进程中不断演变。桔槔作为最古老的提水机械，在人类灌溉文明史上具有特殊地位。诸暨赵家镇井灌工程遗产以及桔槔这一独特的提水灌溉"型式"延续保存至今，且仍在创造灌溉效益，是见证古老灌溉文明、承载水利文化的"活化石"。

第三节　水利遗产保护利用

随着近年水文化遗产保护工作的开展，古老的水井、桔槔和提水灌溉方式重新得到关注。人们从灌溉工程、地理、水资源、人文等不同领域审视诸暨井灌的历史文化价值。为保护桔槔和井灌这一灌溉工程遗产，地方政府和水利部门从 2013 年开始资助村民，帮助农民保护、修复古井和桔槔提水设施，鼓励他们继续使用、管理挹井。2015 年，地方政府委托中国水利水电科学研究院编制了《浙江诸暨赵家镇桔槔井灌世界灌溉工程遗产保护规划》（图 6-3），通过综合性的措施促进桔槔井灌遗产的保护和传承，包括推广经济作物、发展生态休闲产业、文化旅游增加农民收入，提高了农民保护和传承桔槔井灌的积极性；通过建立地下水水位和水质监测站，提倡减少农药化肥的使用保护水质和农田生态环境，限制机井使用等措施，将桔槔井灌遗产和灌溉文化、地下水资源与农田生态环境的保护与区域社会经济发展统筹起来，使桔槔井灌这一灌溉型式和灌溉文化能够得到长远有效的保护和传承。

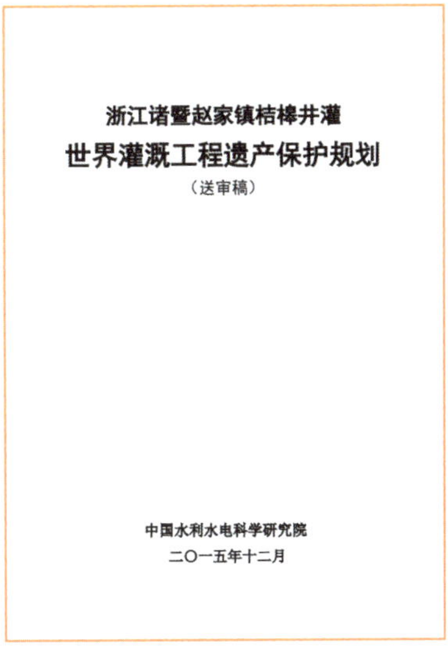

浙江诸暨赵家镇桔槔井灌
世界灌溉工程遗产保护规划
（送审稿）

中国水利水电科学研究院
二〇一五年十二月

图 6-3　遗产保护规划（2015）

一、面临的威胁与问题

现存桔槔井灌工程遗产的数量相较历史时期已经非常稀少，其存续和使用的必要性大不如前，文化符号的价值远大于利用价值。

当前诸暨传统桔槔井灌区并无有效、系统的保护，仍处于农户基于自有承包责任田的灌溉需要所进行的基本维护，对遗产的价值并未充分认知，也缺少保护措施和手段，县、市、乡镇政府及村委会、农户之间的保护职责并未明确，更缺乏协调机制。

历史记载的大部分拗井已被填埋，目前桔槔井灌工程遗产核心区泉畈村现存古井 118 口，依然在发挥灌溉和生活供水功能，部分井的井壁、井口石块已脱落。部分灌溉井桔槔提水设施损毁，灌溉渠系完备，但部分渠道存在过度硬化的问题；部分雨厂仍有保留，但结构材料有变化；永康堰在民国时期已冲毁，仅存遗址；

197

20 世纪 50 年代所建拦河增渗堰保存完好。

　　诸暨桔槔井灌工程遗产现在仍在发挥灌溉和生活供水效益。核心区桔槔提水灌溉面积 400 多亩。泉畈、赵家等村生活用水也以地下水为主，遗产区受益人口约 1 万人。

　　诸暨桔槔井灌工程遗产的保护发展主要面临城镇化进程对遗产的破坏，以及对传统灌溉方式及文化传承和保护的冲击等问题。

（一）遗产破坏

　　不合理的管理和保护，导致遗产保护问题比较突出，主要表现如下：

　　（1）诸暨井灌工程规模大幅度减少。由于城镇化水平加快，工业化程度提高，劳动力流失等诸多原因，井的数量锐减，大部分古井被填埋，同时也使得灌溉面积大幅度萎缩。

　　（2）部分工程遗产受损。由于缺少科学合理的管护措施，仅靠农户自我管理，导致部分古井、渠道坍塌，桔槔损毁，雨厂减少，渠道改造过度。

　　（3）部分井和渠道出现杂物淤积现象。由于缺乏必要保护与管理维护措施，泥沙、树枝、杂草、塑料等杂物流入井里，导致目前在用的拗井普遍出现淤积现象。

　　（4）文化景观破坏。原有的竹篱围栏老化破坏现象较为严重，井灌工程周边的环境卫生状况较差，亟待维护和清理。

　　（5）管理缺失。由于大多是农户自我管理，缺少统一的管理和调度，遗产和水资源的保护面临严峻挑战。

（二）传统用水方式面临消失

　　许多农民为求便利将桔槔废弃而改用电力水泵，桔槔提水灌溉作为见证独特历史文明的遗产，保存和延续的难度越来越大，同时桔槔的制作工艺、石井的建筑技术等一系列传统的文化遗产都面临消失的危险。

（三）管理不完善

由于缺少区域统一管理措施，井灌工程和灌溉面积出现大幅度萎缩，同时由于农药、化肥的广泛使用，使得周边水生态环境恶化，也造成区域地下水污染等一系列问题，因此亟须完善保护管理体制机制，制定专门的保护制度与相应的保护措施，对井灌工程遗产及其文化进行保护。

二、保护建议

鉴于诸暨井灌工程遗产的突出价值及现实保护的严峻形势，基于以上研究成果和可持续保护的目标，提出建议如下：

（1）以世界灌溉工程遗产为抓手，借鉴全球重要农业文化遗产保护经验，建立协同保护管理机制，积极推进诸暨桔槔井灌工程遗产保护。

（2）以"保护优先、适度利用；整体保护、协调发展；动态保护、功能拓展；多方参与、惠益共享"为原则，抓紧编制实施具有针对性、科学性、前瞻性、可操作性的井灌工程遗产保护发展规划，使遗产得到系统、全面、可持续的保护（图6-5）。

（3）完善井灌工程管理机制，在不侵犯乡村集体及农户对土地和灌溉工程的所有权、使用权的前提下，探索政府主导、农户参与、责任明确、权益共享、合理可行的井灌工程遗产共同管理机制，使遗产得到科学保护、有效维护和合理使用，达到灌溉、经济、生态、文化等效益的多赢局面。

（4）通过推动灌溉工程遗产、农业文化遗产等区域文化遗产资源整合，全面提升赵家镇文化旅游、休闲产业、有机农业发展，将桔槔井灌工程遗产保护纳入区域社会经济文化发展构架，促进农业产业调整、提高农民收入，使农民能够从遗产保护中受益，进而实现遗产长效保护（图6-4）。

（5）依托桔槔井灌工程遗产建设中国传统提水机械及灌溉文明发展博物馆，采用"泛博物馆"理念，使遗产实体与馆内展陈相结合，提升、深化诸暨桔槔井灌工程遗产文化内涵（图6-6）。

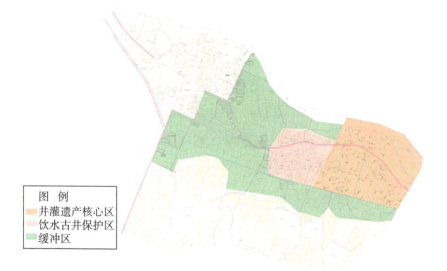

图 例

井灌遗产核心区

饮水古井保护区

缓冲区

图6-4　桔槔井灌工程遗产规划分布图 [①]

①摘自《浙江诸暨赵家镇桔槔井灌世界灌溉工程遗产保护规划》。

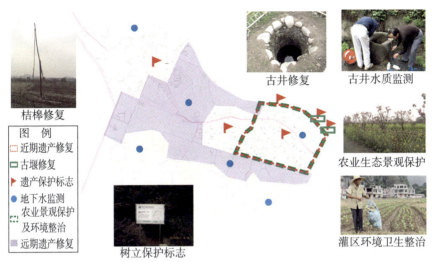

图 6-5　桔槔井灌工程遗产保护修复规划图 ①

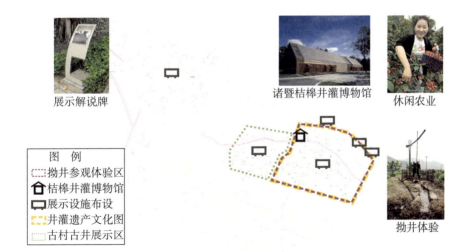

图 6-6　桔槔井灌工程遗产展示规划图 ②

①② 摘自《浙江诸暨赵家镇桔槔井灌世界灌溉工程遗产保护规划》。

主要参考文献

［1］ 李约瑟（Joseph Needham）著，鲍国宝等译. 中国科学技术史（Science and Civilisation in China）［M］. 第四卷 物理学及相关技术，第二分册 机械工程. 北京：科学出版社，上海：上海古籍出版社，1999.

［2］ 查尔斯·辛格（Chales Singer）、E.J.霍姆亚德（E.J.Holmyard）、A.R.霍尔（A.R.Hall）主编，王前、孙希忠主译. 技术史（A History of Technology）［M］. 上海：上海科技教育出版社，2004.

［3］ 周魁一. 中国科学技术史（水利卷）［M］. 北京：科学出版社，2002.

［4］ 郭涛. 中国古代水利科学技术史［M］. 北京：中国建筑工业出版社，2013.

［5］ 汪家伦、张芳. 中国农田水利史［M］. 北京：农业出版社，1990.

［6］（战国）庄周等. 庄子［M］. 王孝鱼点校本. 北京：中华书局，1961.

［7］（元）王祯. 农书［M］. 清光绪刻本.

［8］（明）宋应星. 天工开物［M］. 上海：商务印书馆，1933

［9］ 诸暨县水利志编纂委员会. 诸暨县水利志［M］. 西安：西